Método Montessori

Uma introdução para
pais e professores

Método Montessori

Uma introdução para pais e professores

Paula Polk Lillard

MANOLE

Título original em inglês: *Montessori: A Modern Approach*
Copyright © 1972 by Schocken Books Inc.

Tradução publicada mediante acordo com Schocken Books, um selo editorial da
The Knopf Doubleday Group, divisão da Penguin Random House, LCC.

Este livro contempla as regras do Novo Acordo Ortográfico da Língua Portuguesa.

Editor-gestor: Walter Luiz Coutinho
Editora responsável: Denise Yumi Chinem
Produção editorial: Priscila Pereira Mota

Tradução: Sonia Augusto

Revisão: Depto. editorial da Editora Manole
Projeto gráfico e diagramação: TKD Editoração Ltda.
Capa: Daniel Justi

Créditos das fotografias
Richard Meyer: fotografias 2, 4, 5, 6, 7, 8, 9, 10, ll, 12, 13, 14, 15, 16, 17, 18, 19, 20, 21, 23, 26. James F. Brown: fotografias 3, 24, 25. Terry Armor: fotografias 1, 22.

Dados Internacionais de Catalogação na Publicação (CIP)
(Câmara Brasileira do Livro, SP, Brasil)

Lillard, Paula Polk
  Método Montessori : uma introdução para pais e professores / Paula Polk Lillard ; [tradução Sonia Augusto]. -- Santana de Parnaíba : Manole, 2017.

  Título original: Montessori : a modern approach
  Bibliografia
  ISBN: 978-85-204-5109-0

  1. Educação 2. Montessori - Método I. Título.

16-00159   CDD-371.392

Índices para catálogo sistemático:
1. Método Montessori : Educação 371.392

Todos os direitos reservados.
Nenhuma parte deste livro poderá ser reproduzida, por qualquer processo,
sem a permissão expressa dos editores.
É proibida a reprodução por xerox.
A Editora Manole é filiada à ABDR – Associação Brasileira de Direitos Reprográficos.

Edição brasileira – 2017

Editora Manole Ltda.
Alameda América, 876
Tamboré – Santana de Parnaíba – SP – Brasil
CEP: 06543-315
Fone: (11) 4196-6000
www.manole.com.br | https://atendimento.manole.com.br/

Impresso no Brasil
Printed in Brazil

PARA MEU MARIDO, JOHN,
*por seu incentivo e apoio, e para nossas filhas,
Lisa, Lynn, Pamela, Angel e Poppy, que fizeram
muitos sacrifícios pelo "trabalho da mamãe".*

Prefácio

ESTE LIVRO não é só uma introdução à metodologia de Montessori. Trata-se também de uma apresentação didática e coordenada com seus princípios básicos e técnicas, precedida por uma pesquisa histórica de suas vicissitudes nos Estados Unidos e por uma introdução que oferece uma ideia de uma sala de aula montessoriana, concluindo com algumas considerações sobre por que adotar o método e trazendo também uma perspectiva de continuidade de pesquisa. Como tal, oferece a qualquer pessoa que deseje conhecer seus fundamentos uma visão sucinta e objetiva de todo o tema, baseada em informações confiáveis e bem documentadas.

Seu mérito particular, no entanto, está em sua utilidade para os que trabalham no campo da educação e ciências relacionadas. Nenhuma pessoa engajada nessas áreas poderá negar a influência das ideias de Maria Montessori sobre o pensamento moderno a respeito do desenvolvimento infantil e humano em geral. A mensagem dessa visionária é, sem dúvida, forte e profunda para ter tido tamanho impacto, sem perder sua novidade até os dias de hoje.

A senhora Lillard conseguiu discorrer sobre a metodologia de modo didático e muito claro. Ela não cedeu à tentação de muitos autores que escrevem sobre o método Montessori: dar suas próprias interpretações ou apresentar suas características fundamentais com críticas predefinidas. Ela permite, por assim dizer, que Maria Montessori fale por si mesma. Os leitores podem tirar suas próprias conclusões.

Por conseguinte, este livro é recomendado como uma introdução às ideias de Montessori a todos os profissionais que lidam com o ser humano. Todos os pais e educadores deveriam lê-lo como material didático. É o melhor em sua categoria.

Mario M. Montessori
Julho de 1973

Introdução

Em 1961, uma amiga próxima me deu um livro intitulado *Maria Montessori: Her Life and Work* ("Maria Montessori: sua vida e obra", em tradução livre), de E. M. Standing. Fiquei muito interessada no livro porque sabia que minha amiga tinha decidido que seus filhos deveriam ter uma educação montessoriana, se possível. Não me lembro de ter ouvido falar em Montessori antes, embora depois de ler o livro de Standing, acho que devo ter lido parte do trabalho dela enquanto estudava pedagogia no Smith College. Ela não era popular na época, mas lembro de ter conhecido suas ideias em relação a cercadinhos para bebês, horas de sono para crianças e várias outras ideias que me impressionaram e que segui ao criar minhas próprias filhas.

No entanto, o livro de Standing sobre Montessori não me impressionou na época. Ele me pareceu ultrapassado, não muito bem-organizado e até ofensivo em sua quase deificação de Montessori. A descrição das crianças em suas escolas feita por Montessori me parecia irrealista. Eu tinha sido professora em uma escola pública e não conseguia conciliar os relatos dela sobre o comportamento infantil com a minha própria experiência. Eu a vi como uma italiana romântica da virada de outro século e me preocupei um pouco pelo fato de minha amiga, que não era profissional de educação, ter ficado tão impressionada.

Nesse ponto, William Hopple, diretor assistente da Cincinnati Country Day School, a escola particular em que duas de minhas filhas estudavam, visitou a Whitby School, em Greenwich, Connecticut. Essa escola foi fundada por Nancy McCormick Rambusch, no final da década de 1950, e representa a reintrodução inicial de Montessori nos Estado Unidos. Ele ficou tão impressionado com o que viu que voltou a Cincinnati determinado a iniciar uma turma montessoriana para crianças de 3 a 6 anos em sua própria escola.

Por conta da minha admiração por William Hopple, decidi dar uma "segunda chance" para Montessori — particularmente com minha filha de 3 anos em mente. Conheci Hilda Rothschild, a professora montessoriana que iria conduzir a turma, e me surpreendi. Quando Hopple perguntou se eu gostaria de ser assistente de Hilda durante aquele ano, aceitei. Meu marido e eu, então, inscrevemos nossa filha na turma, pensando que, se acontecesse algo que não aprovássemos na sala de aula, saberíamos imediatamente e poderíamos tirá-la de lá. Como a maioria dos pais, somos cautelosos quando se trata de nossos filhos!

O que aconteceu nos dias que se seguiram estava além de qualquer coisa que eu tivesse imaginado ou esperado. Havia 16 crianças entre 3 e 4 anos na sala de aula, das quais apenas quatro eram meninas. Os alunos não tinham sido pré-selecionados pela professora; na verdade, ela não os tinha visto até o dia em que as aulas começaram. Algumas crianças tinham problemas especiais. Talvez alguns dos pais que se interessaram por essa turma estivessem buscando uma nova forma de educação que respondesse aos problemas de seus filhos ou às inadequações deles como pais.

O que me pareceu tão maravilhoso naquele outono foi a disposição constante da professora diante das crianças e as respostas que evocava nelas. Ela persistentemente as afastava de um comportamento sem foco, destrutivo e, algumas vezes, caótico, e as levava para um lugar dentro de si mesmas que parecia uni-las, dar-lhes concentração e liberá-las para uma resposta construtiva a seu mundo. Por causa da integração pessoal que as crianças alcançavam, a atmosfera na classe era espontânea, alegre e com objetivos. Havia uma paz e ausência de tensão ali que parecia liberar as crianças para viver do modo mais pleno possível.

As maneiras com que a Sra. Rothschild ajudava as crianças a criar o ambiente único na sala de aula me impressionaram em especial. Eu deveria dizer, antes de tudo, que ela é uma professora notavalmente sábia e experiente. Tendo estudado com a dra. Montessori na França e ensinado em escolas montessorianas nesse país, ela fugiu para os Estados Unidos quando os alemães invadiram a França durante a Segunda Guerra Mundial. Nos Estados Unidos, interessou-se pela educação especial e, nesse campo, obteve seu mestrado pela Universidade de Syracuse. Ela havia ensinado diversas matérias para crianças pequenas durante vinte anos, antes de fazer um novo curso sobre educação montessoriana nos Estados Unidos e se tornar mais uma vez a professora de uma classe reconhecida e definida como "Montessori".

Sua atitude com as crianças na sala de aula podia ser resumida em uma palavra: respeito. Ela as abordava com a dignidade, confiança e paciência que teriam sido dadas a alguém envolvido na mais séria das tarefas e que fosse, ao mesmo tempo, dotado com o potencial e o desejo de atingir essa meta. Fala-se muito, é claro, na educação tradicional, sobre o conceito de respeitar as crianças pequenas, mas era óbvio para mim que eu estava observando algo muito diferente de qualquer coisa que tivesse visto antes. Essa professora parecia saber se colocar no lugar de uma criança. Ela sabia muito bem como a criança havia sido profundamente magoada pelo desprezo de alguém ou como se sentia frustrada quando não conseguia expressar suas necessidades. Como confiava na capacidade da criança para dizer o que a incomodava, estava constantemente em um estado de escuta. Por mais ocupada que estivesse com uma criança individualmente, estava alerta às outras. As antenas estavam sempre ligadas. Como disse uma pessoa depois de observar uma aula dela: "Nossa, essa mulher tem olhos atrás da cabeça!"

A sra. Rothschild tinha um modo peculiar de nunca se deixar intimidar por uma criança. Ela não permitia que nenhuma situação chegasse a um ponto de disputa pela autoridade no sentido "ou eu ou você" — uma batalha que a criança sempre perderia e que faria com que perdesse o autorrespeito também. Ela era mestre no toque leve e tinha um modo mágico de evocar a imaginação e o amor pela representação em crianças pequenas. Era capaz de fechar os olhos quando a sala parecia estar caótica, talvez apagar as luzes e ficar parada como uma estátua no meio de um movimento e, por meio do silêncio ou de um sussurro, ajudar as crianças a se reorientarem para que ficassem mais calmas e atentas ao mundo externo a elas.

Enquanto se esforçava, naquelas primeiras semanas, para ajudar as crianças a desenvolverem seu potencial para estar em contato consigo mesmas e envolvidas com o ambiente de um modo significativo, a sra. Rothschild muitas vezes se sentia desanimada e expressava sua preocupação para mim. Eu, que estava tão impressionada com o quanto as coisas estavam indo bem, não conseguia imaginar por que ela estava tão preocupada. No final do ano, entendi. Embora eu achasse que as coisas iam muito bem porque a sala era tão superior a qualquer uma das que já havia visto, ela tinha em mente o futuro da situação — e naquele outono as crianças ainda estavam muito longe do desejado. Na verdade, só dois anos mais tarde, quando a criança mais velha já frequentava a turma por três anos, foi que a situação pareceu chegar a um funcionamento ótimo. Isso me parece óbvio agora, pois vi o papel que as crianças mais velhas têm em uma sala de aula montessoriana, guiando, inspirando e protegendo os mais novos, mas eu ignorava esse fenômeno na época.

Quando chegou a primavera naquele primeiro ano, as crianças estavam felizes e se esforçavam muito. Dei-me conta então de que a abordagem educacional montessoriana era superior a qualquer uma que tinha visto antes e que queria apoiá-la. Porém, não sabia se tinha sido o método que me impressionara ou se a sra. Rotschild era uma professora excepcionalmente boa. Talvez fosse apenas a sua interpretação do método, influenciada pelo trabalho que realizara com crianças deficientes física ou mentalmente, ou pelos vinte anos de exposição a crianças norte-americanas depois de seu treinamento montessoriano inicial. Um método desenvolvido com crianças europeias há cinquenta anos talvez precisasse passar por muita adaptação. Será que a sala de aula que havia me inspirado era mesmo montessoriana?

Por coincidência, Helen Parkhurst, a professora da turma montessoriana que recebeu a medalha de ouro na Feira Mundial de São Francisco, antes da Primeira Guerra Mundial, estava em Cincinnati em 1964. Ela estava visitando uma grande amiga, Mary Johnston, com quem tinha viajado para a Itália para aprender sobre o trabalho de Montessori em 1913. A senhorita Parkhurst se tornou uma das mais importantes professoras montessorianas e foi a mulher escolhida por Montessori para dirigir a introdução de seu método nos Estados Unidos nos anos que se seguiram à Feira Mundial. Depois de cerca de uma hora na sala de observação, formulei uma pergunta: "Esta é uma sala de aula montessoriana?". A resposta dela foi direta. "Esta é uma sala montessoriana e é a melhor que já vi em muito tempo." Eu soube então que a abordagem adotada com as crianças que tinha admirado tanto realmente possuía um nome e que gostaria de dirigir minhas energias para apoiar e difundi–la.

Trabalhei intensamente nos anos seguintes com programas montessorianos na comunidade de Cincinnati: um programa de treinamento de professores, turmas Head Start,⋆ uma turma de escola pública para egressos do Head Start, um programa de pesquisa de seis anos. Também conheci outros professores e salas montessorianas pelo país e me dei conta dos problemas que surgem na tentativa de traduzir ideais em realidade. Entendo por que muitas pessoas consideram uma sala de aula montessoriana que tenham visitado ou muito rígida ou permissiva demais, dependendo da personalidade, estilo de vida ou treinamento do professor. Posso entender por que John Holt (autor de *How Children Fail* ["Como as crianças fracassam"] e um dos mais famosos estudiosos da educação) se preocupa com a irregularidade da qualidade nas salas montessorianas e com o relativo isolamento dos educadores que seguem essa linha. Em uma carta que me enviou em março de 1971, escreveu que tinha visto escolas montessorianas de que tinha gostado em lugares diversos, como Cincinnati, Ohio; Fort Worth, Texas; e Stamford, Connecticut, mas que no outono anterior tinha visitado uma sala montessoriana em Indiana que era

> um lugar muito tenso e que gerava ansiedade, no qual a freira encarregada defendia tudo que fazia referindo-se à própria senhora Montessori. O problema, é claro, tem a ver com "imagem", como se diz, e talvez seu livro faça muito para mudar isso. Eu me lembro de falar, quando discursei no jantar [da American Montessori Society Convention], há cinco anos, que literalmente *todas* as pessoas que conheço interessadas em educação libertária exprimiram surpresa quando comentei que ia discursar na convenção montessoriana. O que eu teria a ver com aquelas pessoas? Pouca coisa aconteceu desde então para mudar essa imagem. Agora existe um movimento muito grande em educação libertária, com diversos tipos de publicações, periódicos etc. —, uma grande rede de comunicações, por assim dizer. Seria muito fácil para os adeptos do método Montessori se ligarem a essa rede e a usarem para falar de seu trabalho e esclarecer os mal-entendidos e concepções equivocadas sobre

---

⋆ NT: Programa de desenvolvimento infantil pré-escolar com verbas do governo federal norte-americano, para crianças e famílias de baixa renda.

seu trabalho, mas isso não foi feito. Fico pensando em quantas escolas montessorianas conhecem a New Schools' Exchange Newsletter, estão listadas em seu diretório ou se correspondem com eles. Esse seria um lugar ideal para uma discussão contínua na qual alguns desses mal-entendidos poderiam ter sido esclarecidos. Mas talvez seja você, como eu disse, quem vai guiar os educadores montessorianos para fora do que eu chamo de isolamento [...]

Sugeri na convenção que as pessoas considerem a ideia de retirar o rótulo Montessori de suas escolas. Ainda acho que essa é uma boa sugestão. Ainda tem-se a impressão de algo parecido com uma seita quando a escola usa o nome do fundador do movimento, como é o caso das escolas Rudolf Steiner (Waldorf). Penso que a maioria das pessoas tem a impressão de que tanto Montessori como Steiner são um tanto exóticos e se sente como se eles tivessem lhe dado uma "chave de braço", na verdade. Exagerando um pouco, seria algo como: "Por que todo esse estardalhaço sobre a educação? Nós já sabemos há anos exatamente o que fazer. Só é preciso seguir."

Espero que todos os amigos do método Montessori levem a sério as preocupações do sr. Holt e de outros como ele, pois me parece que o perigo do método ser usado erroneamente e ser mal-compreendido de diversas maneiras é muito real. Sabemos que Montessori identificou características da natureza infantil até então indefinidas: principalmente a construção pela criança de seus próprios poderes inatos —, uma construção que ocorre dentro dela, oculta de nossas vistas, mas ainda assim um processo ao qual devemos dar atenção por meio da observação cuidadosa de suas ações exteriores; a necessidade imperativa e, assim, a demanda de liberdade; e sua contribuição para a totalidade da vida como o "outro polo da humanidade". Nós podemos defender tudo isso. Mas, infelizmente, os montessorianos, justificadamente ou não, criaram uma reputação de não se disporem a aceitar as oportunidades de crescimento proporcionadas pela comunicação com os outros e por uma mente aberta à crítica. Edmund Holmes escreveu em 1913:

> As ortodoxias — sistemas que estão submetidos ao apoio e ao controle do homem comum — estão sempre erradas. Quando a heresia montessoriana se transformar em ortodoxia, o período de sua decadência — como um sistema, não como um princípio — terá começado... Considerar como acabado o

sistema que foi elaborado pela dra. Montessori seria sem dúvida uma séria incompreensão dela e de seu trabalho.[1]

Espero que este livro, no qual tentei reunir a essência de Montessori de uma forma organizada e, principalmente, com base em suas próprias palavras, inspire outras pessoas a aprenderem tudo o que puderem sobre a sua contribuição, e que alguns possam ir além disso. A própria dra. Montessori nos deixou um ótimo conselho. Em suas observações finais no Nono Congresso Montessoriano Internacional, em Londres, em maio de 1951, disse: "A maior honra e a gratidão mais profunda que podem me conferir é voltar sua atenção não para mim, mas para a direção em que eu aponto: A Criança".[2]

Agradecimentos

Sou muito grata pela generosa ajuda e pelos conselhos da sra. Hilda Rothschild e da equipe do departamento de pós-gradução da Xavier University e, em especial, a Martha McDermott e a Irmã Mary Jacinta do Mercy Montessori Center por sua ajuda no Capítulo 5. Também tenho uma dívida de gratidão com Mildred Montgomery e os pais das crianças nas salas de aula montessorianas da Sands School e da West End Presbyterian Church pelos comentários sobre Montessori que fizeram para o Capítulo 6. Sem o incentivo e apoio de Barbara Finberg da Carnegie Corporation de Nova York e de John Holt, este livro não teria sido escrito, e sou especialmente grata a eles. Agradeço muito a Judith Elliott pela digitação e auxílio como secretária, e a Edith Williams, que me ajudou a manter a casa funcionando durante esses meses ocupados.

Sumário

Prefácio. vii
Agradecimentos. xv

1. INTRODUÇÃO HISTÓRICA A MONTESSORI 1
   Início da vida profissional de Montessori
   A Casa dei Bambini
   Outras escolas montessorianas
   Primeira introdução nos Estados Unidos
   Uma retomada norte-americana

2. A FILOSOFIA DE MONTESSORI 26
   A infância como uma entidade em si mesma
   Os poderes inatos da criança
   O papel do ambiente e da liberdade
   A unidade psíquica da mente e do corpo
   A motivação intrínseca da criança
   Os períodos sensíveis
   A mente absorvente
   Um novo objetivo para a educação
   As leis naturais do desenvolvimento

3. O MÉTODO MONTESSORI....................45
   O ambiente preparado
   Princípios dos materiais montessorianos
   A lição fundamental
   O desenvolvimento da atividade
   Categorias de materiais
   O desenvolvimento da vida em comunidade
   O professor montessoriano
   A classe montessoriana

4. MONTESSORI E OS PAIS.......................95
   A missão dos pais na sociedade
   Os pais e a criança
   O ambiente doméstico
   O conflito crescente
   O instinto da criança para o trabalho
   O estabelecimento da liberdade

5. A ABORDAGEM MONTESSORIANA
   APLICADA À ESCRITA E À LEITURA...............110
   A abordagem indireta
   A vida prática e os exercícios sensoriais
   Desenvolvimento da linguagem
   Desenvolvimento motor
   O jogo dos sons
   As letras de lixa
   O alfabeto móvel
   Os encaixes de metal
   Enriquecimento de vocabulário
   A transição para a escrita
   A transição para a sintetização
   Caixa de reconhecimento fonético
   Fonogramas e "quebra-cabeças de palavras"
   A função das palavras
   Análise de sentenças
   A expansão da criança para a composição e a leitura avançada

6. POR QUE ADOTAR O MÉTODO MONTESSORI? 125
   Desenvolvimento do potencial humano
   Abordagem ao trabalho
   Relacionamento com a natureza
   Vida familiar
   A interdependência da criança e do adulto
   A criança pobre
   Problemas práticos de Montessori
   Uma revolução na educação

Apêndice: Resultados de pesquisa 141
Notas 145
Bibliografia 152
Índice remissivo 155

Seção de fotos ilustrativas do método na página 82

> Por educação devemos entender a ajuda ativa dada à expansão normal da vida da criança.
> —Maria Montessori, THE MONTESSORI METHOD, p.104

> A observação científica estabeleceu então que a educação não é o que o professor dá; a educação é um processo natural conduzido espontaneamente pelo indivíduo e é adquirido não pela audição de palavras, mas pelas experiências proporcionadas pelo ambiente.
> —Maria Montessori, EDUCATION FOR A NEW WORLD, p.3

Capítulo 1

Introdução histórica a Montessori

MARIA MONTESSORI nasceu na província de Ancona, Itália, em 1870. Quando tinha 3 anos, seus pais mudaram-se para Roma para que sua filha única pudesse receber uma educação melhor. Eles a incentivaram a se tornar professora, a única carreira aberta a mulheres na época. Contudo, Montessori era uma feminista à frente de sua época e estava determinada a não aceitar nenhum papel feminino tradicional. Ela se interessou primeiro pela matemática e decidiu seguir carreira em engenharia. Frequentou aulas em uma escola técnica para rapazes, mas acabou se interessando pela biologia e, por fim, resolveu cursar medicina. Não há registros de seus esforços para ser admitida, exceto que, a princípio, ela foi recusada e, posteriormente, foi aceita, ganhando bolsas de estudo a cada ano e dando aulas particulares para pagar grande parte de suas despesas. Esse fato é de grande importância, pois seu pai desaprovava enfaticamente a carreira que ela havia escolhido, e a independência financeira era necessária para que pudesse continuar os estudos.

Em 1896, ela se tornou a primeira mulher a se formar na Escola de Medicina da Universidade de Roma e entrou para a equipe da clínica psiquiátrica da universidade. Como parte de suas tarefas ali, visitava as crianças internadas nos hospícios gerais em Roma. Ela então se convenceu de que aquelas crianças com deficiências intelectuais poderiam se beneficiar de uma educação especial e viajou a Londres e Paris para estudar o trabalho de dois pioneiros nesse campo: Jean Itard e Edouard Séguin.

Depois de seu retorno, o Ministro da Educação italiano pediu a Montessori que ministrasse palestras aos professores de Roma. Essas palestras foram realizadas na Escola Ortofrênica de Roma, e Montessori foi nomeada diretora dessa escola em 1898.

Ela trabalhou com as crianças dessa escola por dois anos, baseando seus métodos educacionais em percepções que adquirira de Itard e Séguin. Durante o dia inteiro, das 8h às 19h, ela ensinava na escola e, depois, trabalhava noite adentro preparando novos materiais, tomando notas, fazendo observações e refletindo sobre seu trabalho. Ela considerou esses dois anos a sua "verdadeira graduação" em educação.[1] Para sua surpresa, descobriu que aquelas crianças podiam aprender muitas coisas que antes pareciam impossíveis. Ela escreveu:

> Obtive sucesso em ensinar várias das crianças com deficiência intelectual dos hospícios a ler e a escrever tão bem que pude levá-los a uma escola pública para prestar um exame junto com crianças normais. E eles foram aprovados no exame [...] Enquanto todos estavam admirando o progresso de meus pacientes, eu estava procurando as razões que podiam manter as crianças felizes e saudáveis das escolas comuns em um nível tão baixo que elas pudessem ser alcançadas em testes de inteligência por meus infelizes alunos![2]
>
> Eu me convenci de que métodos similares aplicados a crianças normais iriam desenvolver ou libertar a personalidade delas de uma maneira maravilhosa e surpreendente.[3]

Essa convicção levou Montessori a dedicar suas energias ao campo da educação pelo resto da vida.

De forma a se preparar para seu novo papel como educadora, a Dra. Montessori voltou à Universidade de Roma para estudar filosofia, psicologia e antropologia. Ela fez um estudo mais profundo de Itard e Séguin, traduzindo os textos desses autores para o italiano e copiando-os à mão. "Escolhi fazer isto à mão", escreveu ela, "para poder ter tempo de pesar o sentido de cada palavra e expressar, verdadeiramente, o *espírito* do autor".[4] Durante essa época, também fez um estudo especial das doenças nervosas infantis e publicou os resultados de suas pesquisas em periódicos técnicos. Além disso, participava da equipe da Faculdade de Treinamento para Mulheres em Roma (uma das duas faculdades para mulheres na Itália da época), atendia em clínicas e hospitais em Roma e também em seu consultório particular.

Em 1904, foi nomeada professora de antropologia na universidade e continuou a realizar suas outras atividades até 1907, quando sua vida ativa como educadora começou. Ela foi convidada para dirigir uma creche em um projeto habitacional na área de favela de San Lorenzo, Itália. Montessori aceitou, considerando essa sua oportunidade para começar a trabalhar com crianças não deficientes. Coube a ela cuidar de 60 crianças de 3 a 7 anos, enquanto seus pais analfabetos estavam trabalhando. Por conta de suas outras tarefas, atuou como supervisora do projeto e contratou uma jovem funcionária para trabalhar como professora.

Montessori descreveu seus alunos como

> crianças assustadas e chorosas, tão tímidas que era impossível fazê-los falar; seu rosto não tinha expressão, e seus olhos eram tão perplexos como se nunca tivessem visto nada em sua vida. De fato, eram crianças pobres e abandonadas que tinham crescido [...] sem nada que lhes estimulasse a mente.[5]

Uma sala simples foi reservada para as crianças em um dos prédios de apartamentos do projeto habitacional. Os poucos móveis eram similares aos usados em um escritório ou residência, e o único equipamento educacional eram as peças do aparelho sensorial que Montessori tinha usado junto às crianças com deficiências intelectuais.

Montessori disse que não tinha nenhum sistema especial de instrução que desejasse testar nesse ponto. Queria apenas comparar as reações de crianças comuns diante de seu equipamento especial com as reações das crianças com deficiências intelectuais e, em particular, ver se as reações de crianças mais novas com capacidades cognitivas regulares eram similares às reações de crianças cronologicamente mais velhas, mas deficientes. Ela não estruturou o ambiente para um experimento científico, afirmando que as condições artificiais necessárias para experimentos científicos trariam muita tensão para as crianças e não revelariam as suas verdadeiras reações. Em vez disso, tentou estabelecer um ambiente o mais natural possível para as crianças e depois se baseou em suas próprias observações do que havia ocorrido. Ela considerou que um ambiente natural para uma criança seria aquele no qual tudo se adequasse à idade e ao crescimento, onde os possíveis obstáculos ao desenvolvimento fossem removidos de modo a fornecer à criança os meios de exercer suas faculdades em desenvolvimento. Depois de instruir a professora quanto ao uso dos aparelhos sensoriais, ela permaneceu em segundo plano e esperou que as crianças se revelassem. Montessori não tinha dúvidas de que, de fato, isso aconteceria. Acreditava que uma criança pequena está

> em um período de criação e expansão, e basta abrir a porta. Sem dúvida, o que ela está criando, o que passa do não existir ao existir e do potencial passa a ser realizado, no momento em que surge do nada, não pode ser complicado... e não pode haver dificuldade em sua manifestação. Assim, ao preparar um ambiente livre, um ambiente adequado a esse momento da vida, a manifestação natural da psique infantil e, consequentemente, a revelação de seu segredo deve acontecer espontaneamente.[6]

O que aconteceu a seguir, segundo Montessori, trouxe-lhe uma série de surpresas que a deixaram "atônita e, muitas vezes, incrédula". As crianças demonstraram um grau de concentração no trabalho com o aparelho que não era observável nas crianças com deficiência intelectual do Instituto e que parecia assombroso em indivíduos tão jovens. Ainda mais surpreendente era o fato de as crianças parecerem não só descansadas, mas satisfeitas e felizes depois de seus esforços concentrados:

> Demorei para me convencer de que isso não era uma ilusão. Depois de cada nova experiência que comprovava essa verdade, dizia a mim mesma: "Ainda não acredito. Vou acreditar da próxima vez." Assim, por muito tempo, continuei incrédula e, ao mesmo tempo, profundamente estimulada.[7]

O padrão que levava a esse fenômeno era o mesmo a cada vez. Primeiro, a criança começava a usar um instrumento do modo costumeiro. No entanto, em vez de deixá-lo de lado quando o exercício era concluído, a criança começava a repeti-lo. Ela não demonstrava "nenhum progresso em velocidade ou habilidade; era um tipo de movimento perpétuo".[8] Uma criança foi observada repetindo um exercício 42 vezes e com tanta concentração que se manteve alheia às tentativas deliberadas de interrompê-la, inclusive de levantar a cadeira em que estava sentada e levá-la para outra parte da sala. Repentinamente, sem nenhuma razão aparente, ela terminou a tarefa e deixou o equipamento de lado. Mas "o que é terminar e por quê?" – questionou Montessori –, e por que as crianças estariam realmente descansadas e aparentando ter "experimentado uma grande alegria" depois de um desses ciclos de atividade?[9]

Um segundo fenômeno surpreendente no comportamento das crianças ocorreu quase que por acidente. A professora costumava distribuir os materiais para as crianças, porém, certo dia, ela se esqueceu de trancar o armário em que o equipamento era guardado. Quando entrou na classe, descobriu que as crianças já haviam escolhido os materiais que desejavam e estavam ocupadas trabalhando. Montessori interpretou o incidente como um sinal de que as crianças agora conheciam o uso dos materiais e desejavam escolher por si mesmas. Ela instruiu a professora a deixar que fizessem isso e construiu prateleiras baixas para que os materiais ficassem mais acessíveis. Montessori notou que elas deixavam consistentemente alguns dos materiais sem usar e os retirou, considerando que os escolhidos deviam representar alguma necessidade ou interesse específico delas e que os outros só criariam confusão. Ficou, então, muito surpresa ao notar que os "brinquedos" que ela tinha colocado na sala estavam entre os objetos praticamente intocados. Finalmente, acabou retirando-os.

Outros fenômenos inesperados aconteceram. As crianças pareciam indiferentes às recompensas ou às punições relativas a seu trabalho. Na verdade, muitas vezes, recusavam uma recompensa ou a davam a outra pessoa. Elas mostraram intenso interesse em imitar o silêncio de um bebê levado para a classe certo dia. Com base nessa experiência, Montessori desenvolveu um "exercício do silêncio", que consistia em controlar todos os movimentos e ouvir os sons do ambiente. O prazer das crianças com esse esforço grupal parecia refletir alguma necessidade de comunicação umas com as outras e com o mundo que as rodeava. O fato de essas crianças pequenas terem um profundo senso de dignidade pessoal também ficou aparente. Um dia, ficaram tão felizes ao aprenderem como assoar o nariz que começaram a aplaudir! Por fim, as crianças começaram a demonstrar um autocontrole recém-desenvolvido. Elas cumprimentavam calorosa e respeitosamente os visitantes, que chegavam em números cada vez maiores para conhecer a classe. Pareciam orgulhosas com seu trabalho e ficavam felizes por mostrá-lo aos outros. Demonstravam um senso de comunidade e de preocupação umas para com as outras, mas eram a disciplina, a atenção concentrada e a espontaneidade das crianças, evidentes na atmosfera calma da classe, o que mais impressionava os visitantes. Montessori diz: "Isso nunca poderia ter acontecido se alguém, como um professor que ensinasse com palavras, evocasse a energia delas a partir do exterior"[10].

Houve um desenvolvimento surpreendente de maior importância direta acadêmica. Montessori não pretendia expor crianças tão pequenas a nenhuma atividade que envolvesse escrita e leitura, mas as mães analfabetas começaram a implorar que fizesse isso. Ela finalmente deu algumas letras feitas de lixa às crianças de 4 e 5 anos para que as manipulassem e seguissem seu contorno com os dedos. As crianças se entusiasmaram com as letras e andavam marchando pela sala com elas, como se fossem estandartes. Algumas crianças começaram a conectar os sons com as letras e a tentar formar palavras. Logo, elas haviam aprendido a escrever sem que ninguém as ensinasse. Em um impulso de atividade, elas começaram a escrever por toda parte. Liam as palavras que tinham escrito, mas não se interessavam por aquelas que outras pessoas tinham escrito. Passaram-se mais seis meses antes que parecessem entender o que é ler palavras. Então, começaram a ler com o mesmo entusiasmo com que tinham escrito, lendo todos os itens externos em seu ambiente: placas de rua, cartazes em lojas etc. No entanto, elas mostraram pouco interesse em livros, até que um dia uma criança mostrou às outras uma página arrancada de um livro. Ela anunciou que tinha uma "história nele" e leu para os outros. Foi aí que eles pareceram entender o significado dos livros.

Elas começaram a ler com a mesma explosão de energia que tinham exibido anteriormente na escrita e na leitura de palavras aleatórias que se encontravam em seu ambiente. O processo teve três aspectos interessantes: primeiramente, a espontaneidade e a direção dessa atividade, desde o início, pertenceram às crianças; depois, o processo usual, em que a leitura precede a escrita, foi invertido; em terceiro lugar, as crianças envolvidas tinham apenas 4 e 5 anos.

Ao observar todos esses desenvolvimentos nas crianças, Montessori sentiu que tinha identificado fatos importantes e até então desconhecidos a respeito do comportamento infantil. Sabia também que, para considerar esses desenvolvimentos como verdades universais, precisava estudá-los sob diferentes condições e ser capaz de reproduzi-los. Com isso em mente, uma segunda escola foi aberta em San Lorenzo no mesmo ano, uma terceira em Milão e uma quarta em Roma, em 1908; essa última era destinada a filhos de pais abastados. Em 1909, toda a Suíça italiana começou a usar os métodos de Montessori em seus orfanatos e lares para crianças.

Nessas escolas, Montessori encontrou uma diferença significativa e consistente na resposta inicial das crianças de lares abastados e das que pertenciam a famílias pobres. As crianças pobres, em geral, respondiam imediatamente ao equipamento que lhes era oferecido. As crianças que tinham pais amorosos e inteligentes que cuidavam delas e que haviam sido saturadas com brinquedos elaborados normalmente demoravam de alguns dias a várias semanas para dar uma atenção real aos materiais oferecidos. No entanto, depois de um interesse intenso ser despertado nessas crianças, os fenômenos passavam a se parecer aos vistos na primeira Casa dei Bambini. Primeiro, o ciclo de repetição, concentração e satisfação das crianças começava. Ele levava ao desenvolvimento da disciplina interna, autoconfiança e preferência por uma atividade significativa. Montessori deu o nome de "normalização" a esse processo que ocorria na criança. De fato, parecia-lhe que esse era o estado normal da criança, pois se desenvolveu espontaneamente quando o ambiente ofereceu os meios necessários.

As notícias sobre o trabalho de Montessori se espalharam rapidamente. Visitantes de todo o mundo iam até as escolas que seguiam o método Montessori para confirmar com seus próprios olhos os relatos daquelas "crianças admiráveis". Montessori começou uma vida de viagens pelo mundo, criando escolas e centros de treinamento de professores, dando palestras e escrevendo. O primeiro relato abrangente de seu trabalho, *The Montessori method*, foi publicado em 1909. Em 1929, ela escreveu:

> Não existe nenhum grande continente em que as escolas [Montessori] não tenham sido fundadas na Ásia, da Síria à Índia, na China e no Japão; na África, do Egito e Marrocos, ao norte, até a Cidade do Cabo, no extremo sul; nas duas Américas, nos Estados Unidos e Canadá; e na América Latina.[11]

Montessori fez sua primeira visita aos Estados Unidos para uma curta turnê de palestras em 1912. Ela recebeu uma acolhida entusiasmada, inclusive com uma recepção na Casa Branca. Deu sua primeira palestra no Carnegie Hall para uma enorme multidão e ficou hospedada em casa de pessoas famosas, como Thomas Edison, que admirava o seu trabalho. Uma associação Montessori norte-americana foi formada com a sra. Alexander Graham Bell como presidente e a srta. Margaret Wilson, filha do presidente Woodrow Wilson, como secretária. Montessori gostou tanto da recepção que retornou em 1915, desta vez para dar um treinamento na Califórnia. Durante essa visita, uma classe montessoriana foi levada para a Feira Mundial de São Francisco e recebeu muita atenção.

Escolas Montessori foram fundadas em todo o país, e a primeira foi estabelecida na casa de Alexander Graham Bell. Muitos artigos sobre a educação Montessori apareceram na imprensa popular e em periódicos de educação, mas esse impulso inicial de entusiasmo por Montessori gradualmente passou a enfrentar uma equivalente torrente de críticas por parte dos profissionais norte-americanos que defendiam as teorias psicológicas e educacionais estabelecidas no período. O mais influente desses críticos foi o notório professor William Kilpatrick. Em 1914, ele publicou um livro, *The Montessori system examined,* no qual declarou como ultrapassadas as técnicas de Montessori. O livro de Kilpatrick é importante na história de Montessori nos Estados Unidos, não só por ser considerado a maior influência na diminuição do entusiasmo que acolheu Montessori no país, mas também porque algumas das áreas de desacordo que esboçou ainda são as principais críticas formuladas. O próprio Kilpatrick era um homem a ser levado em consideração no mundo educacional. Um dos principais expoentes da filosofia de John Dewey, ele era um professor popular e respeitado no Teacher's College da Universidade de Colúmbia. Tudo o que tivesse a declarar causaria um profundo impacto em seus colegas de profissão. Ele dedicou seu pequeno livro sobre Montessori aos professores e superintendentes de escolas públicas, porque considerava que eles estavam

> preocupados com o significado dessa agitação [...]. Eles são críticos e até mesmo céticos [...]. São bastante tolerantes diante de novos dogmas e experimentos, [mas] pesam cada item dos projetos idealistas dos radicais e mesmo dos sucessos práticos de experimentos realizados nas condições distintas do solo estrangeiro.[12]

O professor Kilpatrick baseou sua avaliação de Montessori em seu primeiro livro, *The Montessori method,* que havia acabado de ser publicado, e em uma viagem de investigação a Roma para visitar classes. Além disso, teve uma entrevista particular com a Dra. Montessori.

As teorias dela viam a natureza da criança como essencialmente boa e a educação como um processo de desenvolvimento do que era dado à criança no nascimento; Montessori acreditava na liberdade como um ingrediente essencial para tal desenvolvimento e utilizava as experiências dos sentidos nesse processo. Kilpatrick considerava que esses conceitos "continham uma quantidade maior ou menor de verdade", mas que precisavam "ser estritamente revisados a fim de se coordenar com as ideias correntes".[13] Ademais, tendo em vista que uma das influências básicas do trabalho de Montessori era Séguin, um homem cujo trabalho havia sido publicado em 1846, e que ela "ainda concorda com a doutrina ultrapassada da disciplina formal ou geral", escreveu Kilpatrick, "nós nos sentimos compelidos a dizer que, quanto ao conteúdo de sua doutrina, ela pertence essencialmente a meados do século XIX, cerca de 50 atrás do desenvolvimento atual da teoria educacional".[14]

Kilpatrick concentrou suas críticas a Montessori em duas áreas: a vida social da sala de aula e o currículo de Montessori. Houve uma onda significativa no início do século XX que levou o pensamento norte-americano para uma visão da escola principalmente como um lugar em que os indivíduos não iam para obter conhecimento intelectual, como havia sido no passado, mas para desenvolver uma vida e uma ação sociais. Havia uma "demanda mundial para que a escola funcionasse mais definitivamente como uma instituição social".[15] Kilpatrick criticou Montessori porque

> ela não promove situações para uma cooperação social mais adequada.[16]
>
> As crianças na turma montessoriana, cada uma com a tarefa escolhida, trabalham, como já afirmado, em relativo isolamento, com os vizinhos mais próximos possivelmente observando. [Ela] aprende a autoconfiança pela livre escolha em isolamento relativo da professora. Ela aprende de um modo individualista a respeitar os direitos de seus vizinhos [...]. Assim, é muito evidente que, na escola Montessori, a criança individual tem, em geral, rédeas soltas.[17]

Em contraste com essa abordagem individualista, Kilpatrick preferia "colocar as crianças em um ambiente tão socialmente condicionado que elas, espontaneamente, se unissem em grupos maiores ou menores para trabalhar com seus impulsos de vida, conforme existem no plano infantil".[18]

Kilpatrick foi extremamente crítico diante dos materiais que Montessori construiu para uso das crianças na sala de aula. Considerou-os inadequados, porque os achou pouco diversificados e porque seu objetivo não era suficientemente social.

> O aparato didático que forma o principal meio de atividade na escola Montessori permite singularmente pouca variedade [e] pela própria teoria apresenta uma série limitada de atividades exatamente distintas e muito precisas, de caráter formal e muito distante dos interesses e conexões sociais. Uma gama de atividades tão estreita e limitada não pode ir longe para satisfazer uma criança comum [...]. A melhor teoria e prática atual nos Estados Unidos seria fazer do jogo construtivo e de imitação a base e o principal elemento do programa para crianças em idade pré-escolar.[19]

Ele também criticou os materiais por acreditar que não estimulavam suficientemente a imaginação infantil. "No todo, a imaginação, quer do jogo construtivo ou do tipo mais estético, é muito pouco utilizada" no currículo Montessori e, consequentemente, ele "gera uma expressão muito inadequada de uma grande parte da natureza infantil".[20]

Embora concordasse com o conceito de "autoeducação" do método Montessori, Kilpatrick o considerava "mais um desejo do que um fato", porque

> ele está muito intimamente ligado à manipulação do aparato didático [...]. A própria vida e as situações que surgem dela [dão] exemplos abundantes de autoeducação evidente [...]. Quanto mais próximas da vida normal forem as condições que a escola puder criar, mais os problemas reais aparecerão naturalmente (e não artificialmente por serem mencionados pelo professor). Ao mesmo tempo, a situação prática que traz o problema testará a solução proposta pela criança. Isso é autoeducação da vida.[21]

Kilpatrick criticava em especial os materiais sensoriais no currículo Montessori. "O aparato didático – o aspecto mais surpreendente do sistema para a mente popular – foi projetado para tornar possível um treinamento adequado dos sentidos."[22] Depois, segue argumentando contra esse conceito de treinamento dos poderes sensoriais porque "a antiga ideia da existência das faculdades mentais e seu consequente treinamento geral agora são inteiramente rejeitados pelos psicólogos competentes. Nós não falamos mais do julgamento como um poder geral de observação".[23] Os conceitos que são necessários, "como dureza, calor ou peso etc., ocorrem na experiência normalmente rica da vida infantil; e, inversamente, os que não ocorrem não são necessários".[24] A doutrina Montessori de treinamento dos sentidos

> está baseada em uma teoria psicológica obsoleta e descartada [...]. O aparato didático projetado para colocar em prática essa teoria é, desse modo, inútil. [...] O pouco valor que o aparato continua a ter poderia ser mais bem obtido pela experiência dos sentidos incidental e até pelo ato de brincar adequadamente dirigido com brinquedos bem escolhidos, mas menos caros e mais infantis.[25]

Kilpatrick teve uma "entrevista difícil" com Montessori, porque o intérprete não era versado em psicologia, mas "saiu convencido de que a senhora Montessori, até aquele momento, não tinha ouvido quase nada sobre a controvérsia a respeito da transferência geral".[26]

Kilpatrick terminou seu exame do currículo Montessori com uma discussão de seus materiais acadêmicos, especificamente no que toca a abordagem da escrita, leitura e aritmética. Primeiramente, ele considerou desnecessário iniciar os fundamentos dessas atividades tão precocemente quanto aos 3 ou 4 anos, conforme a prática montessoriana. Portanto, não era importante discutir como essas habilidades podiam ser apresentadas a crianças menores de 6 anos. No final do sexto ano de vida, era suficiente que a criança

> tivesse um certo uso da língua materna [...] habilidade razoável, usasse tesoura, cola, um lápis ou giz de cera e cores. Se for capaz de ficar em fila, andar em um ritmo determinado e saltar, tanto melhor. Ela deve saber jogos divertidos, canções e algumas histórias populares adequadas a sua idade. Deve ser capaz, dentro do razoável, de cuidar de si mesma na questão de banhar-se e vestir-se etc. Espera-se uma espécie elementar de conduta apropriada.
>
> Alguém duvida que tais conhecimentos e habilidades possam ser adquiridos incidentalmente por qualquer criança saudável no ato de brincar? De fato, muitos pais sentem-se tão satisfeitos quanto a esse ponto que acreditam

> que uma educação pré-escolar seja desnecessária, sentindo que a vida doméstica é o bastante. Sem aceitar tal posição, podemos questionar se um grupo de crianças normais, que brinquem livremente com alguns brinquedos bem escolhidos, sob o olhar cuidadoso de uma jovem não só obteriam todo esse conhecimento e habilidade e ainda mais, mas, ao mesmo tempo, iriam se divertir muito. Com certeza, fazer essa pergunta é respondê-la.[27]

Em relação aos esforços dela quanto ao aparato matemático, Kilpatrick achou que "pouco existe a ser dito. A única novidade é o uso da chamada 'escada longa' [...] No todo, o trabalho aritmético parecia bom, mas não admirável; provavelmente não se iguala ao melhor trabalho feito neste país".[28] Quanto à abordagem montessoriana da leitura, considerou que sua base fonética era inadequada ao idioma inglês.

> Qualquer tentativa de suprir essas dificuldades só poderia resultar em um plano idêntico a um ou outro dos métodos quase fonéticos com que os professores primários norte-americanos já estão bastante familiarizados. Desse modo, o método Montessori de ensino da leitura não tem nenhuma novidade para os Estados Unidos.[29]
>
> A avaliação da contribuição da sra. Montessori em relação à escrita é difícil. No todo, parece atestável que ela tenha, de fato, feito uma contribuição. Contudo, é incerto o valor dessa contribuição para os falantes de língua inglesa. Provavelmente, apenas a experimentação poderá determinar.[30]

Ele concluiu sua discussão dos materiais acadêmicos concordando "com aqueles que ainda excluiriam esses temas da escola formal do período do jardim da infância", não porque seria difícil para uma criança de 6 anos aprender a ler e escrever,

> mas porque a presença desses conteúdos tende a desviar a atenção dos pais, professores e da própria criança de outras partes da educação que, nesse momento, possivelmente sejam mais valiosas. Educação é vida; ela deve presumir contato em primeira-mão com situações de vida real. O perigo no uso precoce de livros é que eles levam, com muita facilidade, ao monopólio de tarefas definidas estranhas à natureza infantil; levam quase que inevitavelmente a situações artificiais desprovidas de interesse e de contato vital. Um pú-

blico que não pensa confunde o signo com a realidade e demanda formulação quando deveria pedir experiência; exige o livro quando deveria pedir vida.[31]

A única área dos materiais de Montessori que Kilpatrick avaliou favoravelmente foram os exercícios de vida prática. Acreditava que eles tinham uma "utilidade imediata" e supriam "uma demanda social verdadeira e imediata", como preparar alimentos para as refeições, cuidar do ambiente escolar etc.[32]

Kilpatrick concluiu seu livro com uma discussão que comparava Montessori e Dewey. Para ele,

> os dois têm muitas coisas em comum. Ambos organizaram escolas experimentais; ambos enfatizaram a liberdade, a autoatividade e a autoeducação da criança; ambos usaram amplamente as atividades da "vida prática". Resumindo, os dois são tendências cooperativas que se opõem ao tradicionalismo consolidado.

Ele via amplas diferenças, porém, no fato de Montessori "oferecer um conjunto de dispositivos mecanicamente simples" que, "em grande medida, são os responsáveis pelo ensino". Ela podia fazer isso porque sustentava "uma teoria indefensável a respeito do valor do treinamento formal e sistemático dos sentidos". Montessori também "centrou grande parte de seus esforços em criar métodos mais satisfatórios de ensino de leitura e escrita". Dewey, por outro lado, "embora reconhecesse o dever da escola no ensino dessas práticas, sentia que a ênfase precoce devia ser colocada em atividades mais vitais para a vida da criança que deviam, ao mesmo tempo, levar ao domínio de nosso complexo ambiente social".[33] Kilpatrick afirmou que

> a concepção [de Dewey] sobre a natureza do processo de pensamento, junto com sua doutrina de interesse e de educação como vida, não só uma preparação para a vida, inclui tudo que é válido na doutrina de liberdade e de treinamento dos sentidos da sra. Montessori e, além disso, vai muito mais longe na construção do método educacional.

Kilpatrick terminou seu livro dizendo que "aqueles que colocam a sra. Montessori entre os contribuidores importantes à teoria educacional estão equivocados. Ela é estimulante, mas dificilmente é uma contribuidora para nossa teoria".[34]

A enorme onda de energia que tinha criado um início tão surpreendente para Montessori nos Estados Unidos chegou ao auge logo depois da publicação do livro de Kilpatrick e se dissipou tão rapidamente quanto tinha começado. Em 1918, havia apenas referências esporádicas a Montessori nos periódicos. Entre 1916 e 1918, ela viajou entre a Espanha (onde dirigia o Seminari Laboratori di Pedagogia, em Barcelona) e os Estados Unidos. Depois disso, não retornou aos Estados Unidos. A rejeição de Montessori considerada insignificante e antiquada por Kilpatrick e outros permaneceu praticamente inconteste nos Estados Unidos por mais de 40 anos. Esse fenômeno norte-americano de expansão e desaparecimento foi único. Exceto pelo fechamento temporário das escolas montessorianas em países governados pelos regimes nazista e fascista, Montessori continuou a prosperar em outras partes do mundo, sem interrupção. Atualmente, grande parte dessa atividade é dirigida pela Association Montessori Internationale, cuja sede se localiza em Amsterdã.

Montessori foi indicada para a supervisão educacional na Itália em 1922. Entretanto, era cada vez mais explorada pelo regime fascista e, em 1931, começou a trabalhar principalmente em Barcelona. Montessori fez sua última visita à Itália em 1934 para o Quarto Congresso Internacional Montessori, em Roma. Em 1936, a revolução irrompeu em Barcelona, e ela estabeleceu residência permanente na Holanda. Seu trabalho foi interrompido em 1939 quando foi para a Índia dar um curso de treinamento com seis meses de duração. Ela se viu retida nesse país durante toda a Segunda Guerra Mundial por ser cidadã italiana. No entanto, fundou muitas escolas na Índia, país que representa hoje um centro montessoriano ativo. Montessori morreu na Holanda em 1952, recebendo muitos títulos honorários e homenagens em seus últimos anos de vida por conta de seu trabalho ao redor do mundo.

Apenas cinco anos depois da sua morte é que começou um renascimento norte-americano da educação montessoriana, realizado inicialmente pela ferrenha determinação e energia de Nancy Rambusch, uma jovem mãe norte-americana que se interessou por Montessori durante suas viagens pela Europa. Depois de receber seu treinamento como professora Montessori e a certificação da Association Montessori Internationale, ela abriu uma sala de aula Montessori em Nova York. Essa sala de aula tornou-se mais tarde a Whitby School em Greenwich, Connecticut. A sra. Rambusch palestrou extensamente para educadores e pais norte-americanos e, dessa vez, o clima era propício. Mais de mil escolas Montessori estão agora estabelecidas nos Estados Unidos, e o número aumenta rapidamente a cada ano.

O que aconteceu nos Estados Unidos nesses 40 anos que levou profissionais e leigos atentos a reconsiderarem a contribuição de Montessori? Dois fatores principais parecem ser responsáveis. Primeiramente, os Estados Unidos, no final da década de 1950, eram um país desencantado com a educação. Por uma década, as teorias e as práticas de Dewey supostamente foram uma forte influência nas salas de aula. Vale a pena questionar se foram bem aplicadas pelos que as defendiam e se enfrentaram a resistência dos que não acreditavam nelas. O principal, porém, é que os norte-americanos, especialmente os pais, estavam alarmados com os resultados do sistema educacional. Um número significativo de crianças não conseguia ler acima do nível mais rudimentar depois de 12 anos de estudo. Um número demasiadamente alto de estudantes aproveitava a primeira oportunidade para abandonar a escola, mesmo que isso significasse desistir de qualquer esperança de progresso em uma sociedade cada vez mais complexa. Talvez ainda pior, alunos excelentes estavam traindo sua individualidade e o desenvolvimento dos talentos únicos que porventura possuíam para seguir o "jogo da escola". Eles funcionavam como se fossem computadores: especialistas em absorver o que a professora ensinava, descobrir o que ela queria como resposta e devolver o conteúdo da forma como ela preferia recebê-lo. Os norte-americanos estavam claramente assustados com esses fenômenos. Além disso, o Sputnik tinha assustado uma nação acostumada a se sentir superior no campo da tecnologia científica. Uma onda de pânico varreu o país e, temerosas, muitas pessoas olharam mais de perto o sistema educacional com que contavam para garantir sua segurança por meio de progressos em conhecimento científico e armamentos superiores. O crescimento da população e a expectativa por carreiras universitárias também criaram uma enorme competição para entrar nas boas escolas, faculdades e universidades de todo o país. Isso também significou que, pela primeira vez em uma década, muitos pais estavam olhando seriamente para a educação de seus filhos. Os norte-americanos não estavam apenas receptivos a novas ideias e abordagens em educação quando Nancy Rambusch começou a promover Montessori nos Estados Unidos; eles as estavam buscando ativamente.

Um segundo fator que influenciou a recepção a Montessori nos anos de 1950 foi a evolução que havia acontecido na estrutura conceitual da cultura norte-americana, especialmente no que diz respeito à psicologia e à educação. Durante as décadas de 1940 e 1950, influências pós-darwinianas, o impacto freudiano, as teorias aceitas de motivação, do funcionamento do cérebro e da maturação e crescimento da criança estavam sendo gradualmente absorvidos e reconstruídos. Esse novo modo de pensar foi desencadeado, em grande medida, por novas e dramáticas descobertas nos laboratórios de psicólogos e fisiologistas. O mais importante para os nossos propósitos é que tais descobertas começaram a confirmar, uma após a outra, as teorias e as práticas de Montessori que haviam sido tão dissonantes com as teorias educacionais e psicológicas anteriormente aceitas. É interessante que a própria Montessori tenha sentido que seria por meio das ciências que as necessidades recém-identificadas da criança seriam reconhecidas. Em 1917, escreveu:

> É óbvio que uma ciência experimental real, que deve guiar a educação e livrar a criança da escravidão, ainda não nasceu; quando ela surgir, será por meio das chamadas "ciências" que brotaram em conexão com as doenças da infância martirizada, da mesma forma como a química surgiu da alquimia e como a medicina positiva nasceu da medicina empírica séculos atrás.[35]

As quatro áreas da educação Montessori que haviam estado mais fora de alinhamento com as teorias do início do século XX envolviam sua ênfase de no desenvolvimento intelectual ou cognitivo, o treinamento sensorial, os períodos sensíveis do crescimento infantil e o interesse espontâneo da criança por aprender. O desenvolvimento cognitivo sempre foi uma preocupação básica dos educadores, mas as descobertas de Freud sobre o desenvolvimento emocional e sexual do ser humano e sua influência sobre o comportamento no decorrer da vida tiveram um surpreendente impacto sobre a cena educacional norte-americana. Os pensadores e os educadores progressistas estavam, pela primeira vez, reconhecendo os impulsos instintivos e as necessidades da criança. Era talvez inevitável que houvesse uma oscilação extrema do desenvolvimento intelectual para uma tentativa de lidar diretamente na sala de aula com esses fenômenos recentemente reconhecidos. Impressionados pela descoberta feita por Freud do desastre que a hostilidade e os desejos reprimidos podem provocar, educadores e pais adotaram uma atitude um tanto permissiva em relação a comportamentos que, anteriormente, não seriam tolerados. Até mesmo comportamentos fisicamente destrutivos eram, às vezes, aceitos. Sentia-se que era bom para as crianças socar bonecas, bater em argila, derrubar blocos e brinquedos e golpear outras coisas a fim de elaborar suas repressões (refere-se aqui a esses comportamentos em casa ou no ambiente escolar, não em situação de terapia). Só recentemente é que muitos pais perceberam que sua permissividade e falta de estabelecimento de limites nesta e em outras áreas resultaram em crianças indisciplinadas e infelizes.

Montessori achava que o comportamento fisicamente abusivo em crianças era destrutivo. Longe de fazer a criança se sentir melhor consigo mesma, observou que isso deixava a criança mais insatisfeita do que nunca. Ela nunca permitiu semelhante tipo de comportamento na sala de aula, pois não o considerava parte da verdadeira liberdade. Em vez disso, ela enfatizava a capacidade da criança para descobrir a si mesma e suas capacidades para uma resposta positiva ao ambiente por meio da alegria da descoberta e do trabalho criativo. Acreditava que baixar os padrões de conduta ou de desenvolvimento intelectual só levaria a uma educação e a uma sociedade inferiores.

> Para que a educação venha a ser um auxílio à civilização, ela não pode ser realizada esvaziando-se as escolas de conhecimento, caráter, disciplina, harmonia social e, acima de tudo, liberdade.[36]

A teoria da evolução de Darwin, baseada na seleção natural, tinha deixado a cultura norte-americana do início do século XX crente na inteligência fixa. A ênfase de Montessori no desenvolvimento cognitivo precoce estava claramente desalinhada com esse conceito. Por que se preocupar com o desenvolvimento cognitivo se a inteligência é uma constante, que não está sujeita a modificações significativas? A teoria aceita do desenvolvimento predeterminado foi também uma herança da influência darwiniana. Se o embrião humano segue a evolução das espécies em seu desenvolvimento, o crescimento posterior, inclusive o desenvolvimento mental, bem poderia se dar em estágios predeterminados que ocorrem independentemente das influências externas. Arnold Gesell é conhecido como o descritor mais importante desses estágios no crescimento infantil. A abordagem de criação infantil resultante foi a de "deixar que a criança supere" qualquer comportamento desagradável que possa surgir. Como um pai me disse: "Meu filho [agora com 18 anos] está passando por 'um estágio' desde que tinha 2 anos!"

Montessori acreditava que a criança deveria ter determinadas condições em seu ambiente ou não se desenvolveria normalmente; e, mais tarde, quando ocorrem os períodos de comportamento disruptivos, é porque a criança está tentando nos dizer que alguma necessidade importante não está sendo satisfeita. A reação da criança muitas vezes é violenta porque ela está, literalmente, lutando pela vida. Ela percebeu que esse tipo de comportamento desaparecia quando a criança começava a se concentrar em seu trabalho e, assim, desenvolvia autoconfiança e autoaceitação por meio da descoberta de si mesma e de suas capacidades.

Tanto a crença na inteligência fixa quanto a teoria do desenvolvimento predeterminado receberam um golpe fatal nos anos de 1940, quando os psicólogos norte-americanos começaram a voltar sua atenção para os efeitos das condições ambientais precoces no desenvolvimento mental infantil. As descobertas de Freud tinham estimulado o interesse na infância, desde seu início, no começo dos anos de 1900. A ênfase, porém, estava no desenvolvimento emocional, não no intelectual. Depois da Segunda Guerra Mundial, a ênfase no desenvolvimento cognitivo das crianças pequenas também começou a aparecer. Descobriu-se que as crianças em orfanatos e instituições sofriam de grave retardo do desenvolvimento. Isso ocorria apesar do fato de elas receberem cuidados físicos bons ou até mesmo excelentes. Em uma dessas instituições, 60% das crianças de 2 anos não conseguiam se sentar sozinhas; 85% das crianças de 4 anos não sabiam andar. Uma observação consistente foi feita a respeito dessas instituições: havia pouca ou nenhuma estimulação sensorial para esses bebês. As paredes não tinham cor, havia poucos sons, não havia quase nenhuma atividade para ser observada. Aparentemente, a pobreza de estímulos sensoriais no ambiente inicial tinha mesmo um efeito sobre o desenvolvimento daquelas crianças. Os psicólogos começaram a criar experimentos para descobrir os efeitos da privação sensorial em outros contextos. Um desses psicólogos foi Donald Hebb, um homem cujos trabalho e pensamento alteraram significativamente o curso da psicologia contemporânea norte-americana. Fazendo experimentos primeiro com ratos e, depois, com cães, Hebb descobriu que a riqueza do ambiente inicial provocava considerável variação na capacidade de resolução de problemas no adulto. Em 1949, Hebb publicou seu *Organization of behavior*, um livro com teorias inspiradas em seu trabalho de laboratório. Esse livro forneceu a primeira base teórica psicológica para a abordagem montessoriana da aprendizagem inicial e estimulação ambiental. Antes dessa época, pensava-se que o cérebro operava por meio de padrões e conexões simples de estímulo e resposta. Pensava-se que essas conexões eram desenvolvidas por experiências e associações repetidas e se transformavam em características mentais permanentes. O funcionamento do cérebro era comparado ao de uma mesa telefônica. (Foi sobre esse conceito da estrutura e do funcionamento do cérebro, aceito na época, que Kilpatrick baseou sua rejeição da teoria de transferência de aprendizagem e, portanto, uma de suas principais objeções à educação montessoriana.) Essa teoria da operação cerebral não podia explicar adequadamente os fenômenos que Hebb e outros estavam encontrando no laboratório em relação à influência ambiental precoce sobre o desenvolvimento intelectual. Hebb desenvolveu uma teoria muito mais complexa da estrutura e dos processos neurológicos do cérebro, considerando esses fenômenos. Ele afirmava que, na aprendizagem inicial, formavam-se "grupos de células" que representavam imagens ou ideias e que, na aprendizagem posterior, esses grupos eram unidos em "sequências de fase" que facilitavam o pensamento muito mais complexo. Portanto, a aprendizagem posterior dependeria da riqueza dos grupos de células formados anteriormente.

A observação que Montessori fez do interesse espontâneo da criança em aprender também recebeu suporte da teoria de Hebb. Anteriormente, acreditava-se que todo comportamento era motivado apenas por necessidades instintivas ou homeostáticas (o desejo do organismo por atingir um estado físico e químico equilibrado). Se isso fosse verdade, os organismos ficariam dormentes se tal motivação não estivesse presente. Pelo contrário, os fisiologistas estabeleceram recentemente que o sistema nervoso central está continuamente ativo, independentemente de estimulação externa ou orgânica. Hebb teorizou que deveria haver uma motivação intrínseca para o comportamento, além da motivação já reconhecida que se baseava em impulsos instintivos e necessidades homeostáticas. Parte do importante trabalho de apoio a essa nova teoria foi feito por H. F. Harlow. Em três estudos diferentes, ele revelou que os macacos podem aprender e realmente aprendem a montar quebra-cabeças quando não lhes é oferecida nenhuma outra motivação além da apresentação do quebra-cabeças. Foi demonstrado que a aprendizagem real aconteceu quando, uma vez dominado o quebra-cabeças, ele era montado sem falhas e persistentemente. Harlow até demonstrou que o uso de recompensas que reduziam a fome na verdade destruía a motivação, em vez de reforçá-la. Descobriu que os macacos que haviam sido recompensados com comida por montar os quebra-cabeças passavam a ignorá-los assim que terminavam. Os macacos não recompensados, por outro lado, muitas vezes continuavam a explorar e manipular o quebra-cabeça depois de completá-lo.[37] Quase 50 anos antes, observando crianças diretamente, não animais no laboratório, Montessori chegou a conclusões similares em relação à motivação interna das crianças para aprender. Ela estabeleceu um procedimento em sala de aula com base nessa motivação interna, descartando completamente as estrelas douradas, privilégios especiais, notas etc., que ainda são prática comum nas salas de aula atuais como indutores de aprendizagem.

J. McVicker Hunt é outro pioneiro no campo da aprendizagem motivacional que é particularmente pertinente a Montessori. Ele observou que os bebês desenvolvem padrões de reconhecimento e agem para reproduzi-los (chorando para provocar a volta da mãe) depois dos 6 meses de vida. Gradualmente, o bebê também fica interessado e encontra prazer em novidades dentro de um contexto reconhecido e procura isso ativamente. "Uma importante fonte de prazer reside em encontrar algo novo dentro da estrutura do que é familiar."[38] A novidade se transforma então em fonte de motivação, se houver a correspondência correta do antigo com o novo.

> Essa novidade que é atraente parece estar em um nível ótimo de discrepância nesse relacionamento entre a entrada de informações no momento e as informações já armazenadas no cérebro com base em encontros anteriores com situações similares.[39]

Se houver novidade ou incongruência demais, a criança ficará sobrecarregada; se houver muito pouca, ela ficará entediada. Hunt chamou o dilema de encontrar a quantidade certa desses fatores para qualquer criança específica em um dado momento no tempo de "o problema da correspondência". Ele deu a Montessori o crédito por ser a primeira educadora a resolver esse problema em um nível prático ao dar à criança liberdade de escolha na seleção de ampla diversidade de materiais, hierarquizados em dificuldade e complexidade.

Além do trabalho dos psicólogos norte-americanos, outros estavam fazendo descobertas em relação à aprendizagem precoce e ao desenvolvimento cognitivo que eram importantes para a aceitação da educação montessoriana. Embora seu trabalho só agora esteja recebendo amplo reconhecimento nos Estados Unidos, Jean Piaget, o psicólogo suíço, trabalhou nesse campo desde a década de 1930. Ao contrário da maioria dos psicólogos norte-americanos dessa época, Piaget trabalhou diretamente com crianças para desenvolver sua compreensão e suas teorias. Por se tratar do mesmo método empregado por Montessori, esse fato pode ser considerado a razão das muitas similaridades nas crenças de ambos. Uma área em que há um estreito paralelo envolve o papel do treinamento sensório-motor no desenvolvimento cognitivo da criança. Já em 1942, Piaget escreveu:

> A inteligência sensório-motora está na fonte do pensamento e continua a afetá-lo por toda a vida por meio de percepções e conjuntos práticos [...] O papel da percepção no pensamento mais altamente desenvolvido não pode ser negligenciado da maneira como é por alguns escritores.[40]

Esta é, claro, a visão de Montessori sobre a percepção sensorial, uma visão não compartilhada por outros educadores em 1912, inclusive o influente Kilpatrick. A teoria de Piaget sobre a conquista dessa inteligência pré-verbal pela criança lembra o modo com que Montessori descreveu a mente absorvente:

> O problema real não é localizar o primeiro aparecimento da inteligência, mas sim entender o mecanismo dessa evolução [...] Um de nós [Piaget] argumentou que esse mecanismo consiste em *assimilação* (comparável à assimilação biológica, no sentido amplo): isso quer dizer que os dados da realidade são tratados ou modificados de tal forma a se incorporarem na estrutura do sujeito.[41]

Piaget considera que o pensamento da criança se desenvolve em estágios progressivos: do início da percepção para o pensamento simbólico para as operações concretas e, finalmente, para o início do pensamento formal na pré-adolescência. Os estágios de Piaget são, desse modo, coerentes com a teoria e a prática de Montessori de levar a criança por experiências concretas até níveis progressivamente mais abstratos. Um fenômeno nesse procedimento que tanto surpreendeu Montessori é belamente descrito por Piaget: o da repetição que acontece quando a criança está estabelecendo sua base para passar ao pensamento abstrato.

> Portanto, no início, o desenvolvimento do pensamento será marcado pela repetição, de acordo com um vasto sistema de afrouxamentos e separações, do desenvolvimento que parece ter sido completado no nível sensório-motor, antes de se espalhar para um campo que é infinitamente mais amplo no espaço e mais flexível no tempo para, finalmente, chegar às estruturas operacionais.[42]

A ênfase de Montessori quanto aos períodos sensíveis na vida infantil também é compatível com a teoria de Piaget do desenvolvimento da inteligência da criança. Piaget via o desenvolvimento mental da criança como uma sucessão de estágios ou períodos, cada um dos quais estendia o anterior e se baseava nele. Durante cada período, novas estruturas cognitivas são formadas e integradas com base nas antigas.

> Essas estruturas gerais são integrativas e não intercambiáveis. Cada uma resulta da precedente, integrando-a como uma estrutura subordinada, e prepara para a posterior, à qual, mais cedo ou mais tarde, será integrada.[43]

Se faltar a oportunidade para desenvolver as estruturas necessárias em qualquer período, o crescimento subsequente da criança será permanentemente impedido. Já em 1905, Freud sugeriu o conceito de períodos sensíveis no desenvolvimento infantil. Contudo, apenas em 1935, 30 anos depois, foi que Konrad Lorenz produziu a primeira pesquisa de laboratório documentando a existência desses períodos. Ele projetou um experimento envolvendo o fenômeno do *imprinting* no comportamento social dos pássaros. Os gansos em um grupo permaneceram com os pais depois de saírem do ovo. Um segundo grupo foi afastado dos pais imediatamente depois de saírem do ovo, e Lorenz se apresentou a eles como um pai substituto. O primeiro grupo reagiu a outros gansos, mais tarde na vida, da forma esperada na espécie. O segundo grupo, porém, comportou-se por toda a vida como se os seres humanos fossem sua espécie natural. Lorenz concluiu que o reconhecimento da espécie era gravado no sistema nervoso dos gansos imediatamente depois de saírem do ovo. O *imprinting* tem sido objeto de numerosos experimentos e estudos desde 1950 e, como resultado, os períodos sensíveis no desenvolvimento humano inicial agora são geralmente aceitos.[44]

O trabalho de Piaget lança luz em duas áreas geralmente incompreendidas de Montessori: o desenvolvimento das características sociais e afetivas da criança e o crescimento de sua criatividade. Montessori descobriu que esses aspectos se desenvolvem espontaneamente conforme a inteligência da criança se estabelece por meio da interação com um ambiente preparado. Essa foi uma abordagem indireta dessas áreas, em contraste com a abordagem mais direta da educação tradicional. Piaget apresenta uma base teórica que tenderia a apoiar a abordagem indireta de Montessori. Conforme sua teoria, a criança começa a vida "inteiramente centrada em seu próprio corpo e ação, em um egocentrismo tão total quanto inconsciente (por falta de consciência do '*self*' ou 'eu')". Por meio do desenvolvimento cognitivo, ela inicia "um tipo de processo geral de descentramento, pelo qual a criança finalmente passa a se considerar um objeto entre outros em um universo que é formado por objetos permanentes".[45] É esse aspecto cognitivo dos processos de desenvolvimento que torna possível o desenvolvimento social e afetivo da criança. Tal processo de descentramento começa aproximadamente aos 18 meses e chega ao auge na adolescência.

> Há tempos, pensa-se que as mudanças afetivas características da adolescência, que começam entre os 12 e os 15 anos, devem ser explicadas principalmente por mecanismos inatos e quase instintivos. Isso é suposto pelos psicanalistas que baseiam sua interpretação desses estágios de desenvolvimento na hipótese de uma "nova versão do complexo de Édipo". Na realidade, o papel dos fatores sociais (no sentido duplo de socialização e transmissão cultural) é muito mais importante e mais favorecido do que se suspeitava pelas transformações intelectuais que temos discutido.[46]

O desenvolvimento da criatividade também depende do progresso da criança ao longo dos estágios do crescimento cognitivo: da inteligência sensório-motora para o pensamento intuitivo, daí para as operações concretas e, finalmente, para as operações formais. No pensamento intuitivo, a criança pode evocar objetos ausentes em sua mente, um processo necessário para o pensamento criativo, mas estes são, de fato, "instantâneos" de uma realidade em movimento. A criança tem um mapa interno da realidade, mas ele está repleto de espaços vazios e coordenações insuficientes. Nas operações concretas, a criança não é mais dependente da forma dos objetos ausentes em seu pensamento, mas ainda é dependente de sua compreensão da realidade por trás deles. Quando a criança chega ao estágio do desenvolvimento cognitivo em que as operações formais são possíveis, "existe ainda mais do que a realidade envolvida, pois o mundo do possível se torna disponível para construção e, assim, o pensamento se torna livre do mundo real".[47] Portanto, a criatividade não é desenvolvida pela concentração em seu estímulo, pois evolui no final de um longo processo de desenvolvimento cognitivo que tem a absorção da realidade como seu ponto inicial.

O conceito montessoriano do relacionamento interdependente do desenvolvimento cognitivo e da expressão artística é agora compartilhado tanto pelos artistas quanto pelos psicólogos. Rudolf Arnheim, professor de Psicologia da Arte na Universidade Harvard, afirma em seu livro de 1969, intitulado *Visual thinking*:

> a atividade artística é uma forma de raciocínio em que a percepção e o pensamento estão indivisivelmente entrelaçados. Uma pessoa que pinta, escreve, compõe, dança [...] pensa com seus sentidos [...] A arte genuína requer organização, que envolve muitas e talvez todas as operações cognitivas conhecidas pelo pensamento teórico.[48]

Arnheim vê problemas no nosso sistema educacional que separou o desenvolvimento da razão e a percepção dos sentidos. Na educação, a criança estuda números e palavras; as artes lhe são apresentadas como diversão e liberação mental. Arnheim acredita que as artes tenham sido negligenciadas por se basearem na percepção sensorial. É aparente, com base na rejeição inicial da ênfase dada por Montessori ao treinamento sensorial, que o desenvolvimento da percepção tem sido negligenciado na educação tradicional. Arnheim advoga uma "re-ênfase" quanto à importância da percepção na educação dos poderes mentais da criança. "Minha alegação é que as operações cognitivas denominadas pensamento não são privilégio dos processos mentais acima e além da percepção, mas os ingredientes essenciais da própria percepção."⁴⁹ Educacionalmente, isso significa apresentar às crianças pequenas "formas puras", objetos "de uma ampla diversidade de forma, tamanho e cor claramente expressados".⁵⁰ Arnheim credita o método Montessori como sendo a primeira abordagem educacional que apresentou às crianças as propriedades perceptivas de quantidades puras por meio de tais formas. Pode ter sido o histórico de Montessori como cientista que a levou à abordagem incomum da criatividade nas crianças, pois Arnheim vê arte e ciência como domínios intimamente relacionados e que exigem poderes similares no homem.

> Tanto a arte quanto a ciência são voltadas para a compreensão das forças que moldam a existência e ambas pedem uma dedicação abnegada ao que é. Nenhuma delas pode tolerar uma subjetividade caprichosa, porque ambas estão sujeitas ao critério da verdade. Ambas requerem precisão, ordem e disciplina, sem as quais nenhuma afirmação compreensível pode ser feita.⁵¹

Essa discussão mostrou que a filosofia e o método de Montessori são muito compatíveis com as mais recentes teorias psicológicas e educacionais. A importância das condições ambientais iniciais no desenvolvimento mental da criança, o papel da percepção sensorial, a motivação intrínseca da criança, os períodos sensíveis no seu desenvolvimento e o papel do desenvolvimento cognitivo no estabelecimento dos seus poderes sociais e criativos – tudo isso agora é reconhecido.

Uma última e crucial área relativa à aceitação de Montessori nos Estados Unidos de hoje permanece: a recepção pelos professores. Embora pareça melhor hoje do que em 1914, esse ainda é um problema muito real. O tipo de indivíduo que escolhia o ensino no passado, muitas vezes, era alguém com a necessidade de controlar outros seres humanos. Essa pessoa se sentiria ameaçada pela abordagem de Montessori, que coloca a criança no controle de seu próprio aprendizado. O destino da educação montessoriana nos Estados Unidos vai depender, em grande parte, da capacidade dos jovens homens e mulheres, quer já sejam ou não professores, de desenvolver a humildade, a sabedoria e a flexibilidade necessárias para a abordagem de ensino indireto de Montessori.

Capítulo 2

A filosofia de Montessori

MONTESSORI DESENVOLVEU uma nova filosofia de educação com base em suas observações intuitivas das crianças. Essa filosofia seguia a tradição de Jean Jacques Rousseau, Johann Heinrich Pestalozzi e Friedrich Froebel, que tinham enfatizado o potencial inato da criança e sua capacidade de desenvolvimento em condições ambientais de liberdade e amor. Entretanto, as filosofias educacionais do passado não enfatizavam a existência da infância como uma entidade por si mesma, essencial à completude da vida humana, nem discutiam a autoconstrução incomum da criança que Montessori tinha observado em suas salas de aula. Montessori acreditava que a infância não é meramente um estágio a ser completado a caminho da idade adulta, mas é "o outro polo da humanidade".[1] Ela considerava o adulto dependente da criança, da mesma forma que a criança é dependente do adulto.

> Não devemos considerar a criança e o adulto meramente como fases sucessivas na vida individual. Devemos, em vez disso, considerá-los duas formas diferentes da vida humana, que ocorrem ao mesmo tempo e exercem uma influência recíproca uma sobre a outra.[2]

Montessori considerava a criança "uma grande graça externa que entra na família" e exerce "uma influência formativa sobre o mundo adulto".[3]

Temos consciência da dependência da criança diante do adulto em nossa cultura. Não reconhecemos tão prontamente a dependência dos adultos diante das crianças em nossa sociedade agitada e centrada nos adultos. Montessori considerava essa negligência um erro trágico que causava muito de nossa infelicidade, ganância e autodestruição. Em 1948, ela afirmou sua

> convicção de que a humanidade pode esperar uma solução de seus problemas, dentre os quais os mais urgentes são os de paz e unidade, apenas se voltar sua atenção e energia à descoberta da criança e do desenvolvimento das grandes potencialidades da personalidade humana durante sua construção.[4]

Para explicar a autoconstrução infantil, Montessori concluiu que ela tem de possuir dentro de si, antes do nascimento, um padrão para o desenvolvimento psíquico. Ela se referiu a essa entidade psíquica inata da criança como um "embrião espiritual". O embrião espiritual é comparável à célula fertilizada original do corpo. Essa célula não contém a forma adulta em miniatura, mas sim um plano predeterminado para seu desenvolvimento. De modo similar, o crescimento psíquico da criança é guiado por um padrão predeterminado, não visível no nascimento.

Montessori acreditava que esse padrão psíquico só era revelado pelo processo do desenvolvimento. Duas condições são necessárias para que esse processo ocorra. Primeiro, a criança é dependente de um relacionamento integral com seu ambiente, tanto com as coisas quanto com as pessoas que nele estão. Só por meio dessa interação é que ela chega a uma compreensão de si mesma e dos limites de seu universo e, assim, atinge uma integração de sua personalidade. Segundo, a criança precisa de liberdade. Se recebe a chave para sua própria personalidade e é governada pelas próprias leis do desenvolvimento, ela assume a posse de poderes únicos e muito sensíveis que só podem ser expressos por meio da liberdade. Se nenhuma dessas duas condições é satisfeita, a vida psíquica da criança não atingirá seu desenvolvimento potencial, e a personalidade da criança definhará. Uma vez que esse padrão existe na criança e opera até mesmo antes do nascimento, Montessori determinou que a educação também deve começar tão precocemente quanto o nascimento da criança.[5]

Montessori considerou o relacionamento dependente do crescimento psíquico da criança com a interação livre com seu ambiente como um resultado natural de sua unidade mental e física. O pensamento educacional ocidental havia sido influenciado pela visão que Descartes tinha do homem como dividido em duas partes: a intelectual e a física. Montessori então desafiou essa posição filosófica e afirmou que o pleno desenvolvimento dos poderes psíquicos não é possível sem atividade física.

> Um dos maiores erros de nossos dias é pensar no movimento em si mesmo como algo separado das funções superiores [...] O desenvolvimento mental *deve* estar conectado com o movimento e dele depender. É vital que a teoria e a prática educacionais sejam orientadas por essa ideia.[6]

Se o movimento for restringido, a personalidade e o senso de bem-estar da criança serão ameaçados. "O movimento é parte da própria personalidade do homem, e nada pode tirar o seu lugar. O homem que não se move é ferido em seu próprio ser e é marginalizado na vida."[7]

Por meio de suas observações da criança, Montessori convenceu-se de que ela possui uma motivação intensa voltada para sua própria autoconstrução. O pleno desenvolvimento de si mesma é seu único e definitivo objetivo na vida. A criança busca espontaneamente atingir essa meta por meio de uma compreensão de seu ambiente. "Ela nasceu com a psicologia da conquista do mundo."[8] Sua saúde emocional e física vai depender totalmente dessa tentativa de se tornar si mesma. Montessori indicou que tal meta não existia para os propósitos autocentrados encontrados com frequência na cultura contemporânea. Ela escreveu em 1949: "Os princípios e ideias atuais são voltados demais para a autoperfeição e a autorrealização."[9] A meta do autodesenvolvimento está tão ligada ao serviço à humanidade quanto à felicidade individual.[10]

Embora a criança tenha um padrão psíquico predeterminado para guiar seu esforço em direção à maturidade e um anseio vital por atingi-la, ela não herda modelos de comportamento já estabelecidos que lhe garantam o sucesso. Ao contrário de outras criaturas na Terra, ela deve desenvolver seus próprios potenciais para reagir à vida. Ela tem, contudo, suas próprias "sensibilidades criativas" para ajudá-la nessa difícil tarefa. Essas sensibilidades internas a capacitam a escolher, no ambiente complexo, o que é adequado e necessário para seu crescimento. Toda a vida psíquica da criança é edificada sobre a base que essas sensibilidades possibilitam. Um atraso em seu despertar resultará em um relacionamento imperfeito entre a criança e seu ambiente. "Ao não sentir atração, mas repulsa, ela fracassa em desenvolver o que se chama 'amor pelo ambiente' de onde deve obter sua independência por uma série de conquistas sobre ele."[11]

Essas faculdades transitórias ou auxiliares existem apenas na infância e não dão evidências de sua existência na mesma forma e intensidade para muito além dos 6 anos de idade. Montessori considerava-as prova de que o desenvolvimento psíquico da criança não acontece por acaso, mas por planejamento. Ela identificou dois desses auxílios internos ao desenvolvimento da criança: os períodos sensíveis e a mente absorvente.

Os períodos sensíveis são blocos de tempo na vida de uma criança em que ela fica absorvida em uma característica de seu ambiente, excluindo todas as demais. Eles aparecem no indivíduo como "um intenso interesse por repetir determinadas ações por longos períodos, sem motivo óbvio, até que por causa dessa repetição uma nova função subitamente apareça com força explosiva".[12] A vitalidade interior especial e a alegria que a criança exibe durante esses períodos resultam de seu intenso desejo de fazer contato com o seu mundo. É um amor a seu ambiente que a impele a esse contato. E esse amor não é uma reação emocional, mas um desejo intelectual e espiritual.

Se a criança é impedida de seguir o interesse de qualquer dado período sensível, a oportunidade para uma conquista natural é perdida para sempre. Ela perde a sensibilidade especial e o desejo por essa área, com um efeito perturbador sobre seu desenvolvimento psíquico e sua maturidade. Portanto, a oportunidade para desenvolvimento em seus períodos sensíveis não deve ser deixada ao acaso. Assim que surja um, a criança deve ser auxiliada. O adulto

> não tem de ajudar o bebê a se formar, pois essa é a tarefa da natureza, mas deve demonstrar um respeito delicado por suas manifestações, fornecer o que ele precisa, mas não pode conseguir por si mesmo. Em resumo, o adulto deve continuar a fornecer um ambiente adequado para o embrião psíquico, do mesmo modo como a natureza, por meio da mãe, forneceu um ambiente adequado para o embrião físico.[13]

Montessori observou períodos sensíveis na vida da criança conectados a uma necessidade de ordem no ambiente, o uso da mão e da língua, o desenvolvimento da marcha, um fascínio por objetos minúsculos e detalhados e uma época de intenso interesse social.

A ordem é o primeiro período sensível a aparecer. Ela se manifesta cedo no primeiro ano de vida, até mesmo nos primeiros meses, e continua por todo o segundo ano. É importante compreender que Montessori via uma clara distinção entre o amor infantil por ordem e coerência e o prazer e a satisfação moderados do adulto maduro ao ter tudo no lugar. O amor infantil pela ordem se baseia em uma necessidade vital de um ambiente preciso e determinado. Apenas em um ambiente assim a criança pode categorizar suas percepções e, portanto, formar uma estrutura conceitual interna com a qual entender e lidar com seu mundo. Não são os objetos no lugar que ela está identificando por meio de sua sensibilidade especial para a ordem, mas o relacionamento entre os objetos. Ela tem um

> senso interno que não é um senso de distinção entre as coisas, de modo que percebe um ambiente como um todo com partes interdependentes. Só em um ambiente assim, conhecido como um todo, é possível para a criança se orientar e agir com propósito; sem isso, ela não terá base sobre a qual construir sua percepção do relacionamento.[14]

A criança manifesta sua necessidade de ordem de três maneiras: ela demonstra uma alegria positiva ao ver as coisas em seu lugar de costume; ela, muitas vezes, tem crises de birra quando as coisas não estão onde deveriam; e quando pode fazer isso, ela insiste em colocar as coisas de volta em seu lugar.

Um segundo período sensível aparece como um desejo de explorar o ambiente com a língua e as mãos. Por meio do paladar e do tato, a criança absorve as qualidades dos objetos em seu ambiente e busca agir sobre eles. Igualmente importante é que por meio dessa atividade sensorial e motora que as estruturas neurológicas são desenvolvidas para a linguagem. Montessori concluiu, portanto, que a língua, usada pelo homem para falar, e as mãos, empregadas no trabalho, estão mais intimamente conectadas com sua inteligência do que qualquer outra parte do corpo. Ela se referiu a elas como os "instrumentos" de sua inteligência.

A criança deve ser exposta à linguagem durante esse período sensível ou ela não se desenvolverá. Talvez a descrição mais tocante de tal acontecimento seja o relato feito por Itard a respeito do "garoto selvagem" de Aveyron. Abandonado nas florestas da França quando bebê, o menino foi encontrado quando era jovem, provavelmente ainda na adolescência. Coberto com cicatrizes de sua sobrevivência na natureza, seus movimentos e seu comportamento eram os de um animal. Itard conseguiu ajudar esse menino a desenvolver seu potencial para a vida humana em quase todos os aspectos. No entanto, o menino não desenvolveu a linguagem, mesmo que se tenha comprovado que não era surdo e não se conseguisse encontrar nenhum outro problema que impedisse o desenvolvimento linguístico.

A criança em nossa cultura é geralmente rodeada pelos sons de que precisa para estabelecer a linguagem. O uso das mãos durante esse período sensível é, muitas vezes, outra questão, embora seja igualmente essencial para seu desenvolvimento. Ela deve ter objetos para explorar a fim de desenvolver suas estruturas neurológicas para perceber e pensar, tanto quanto deve ser exposta ao mundo do som humano a fim de desenvolver suas estruturas neurológicas para a linguagem. Durante esse período, a criança está geralmente rodeada por objetos de adultos. "A ordem 'Não toque!' é a única resposta a esse problema vital do desenvolvimento infantil. Se a criança toca esses objetos proibidos, ela é punida ou repreendida."[15] Também é importante lembrar que as ações da criança não se devem a uma escolha aleatória, mas são dirigidas por suas necessidades internas de desenvolvimento. "Agora, os movimentos da criança não se devem ao acaso. Ela está construindo as coordenações necessárias para os movimentos organizados, dirigidos por seu ego, que a comanda a partir do interior."[16] Portanto, é da maior importância que o adulto seja guiado pela tolerância e pela sabedoria ao colocar qualquer limite necessário à necessidade da criança de tocar e provar durante esse período.

O período sensível para a marcha é provavelmente o mais prontamente identificado pelo adulto. Montessori via esse momento como um segundo nascimento para a criança, pois anunciava sua passagem de um ser impotente a um ser ativo. Um fato que Montessori observou durante esse período nem sempre é reconhecido pelos adultos: as crianças nesse período adoram dar longas caminhadas. Montessori descobriu que crianças muito novas, com 1 ano e meio, podem caminhar vários quilômetros sem se cansar. A criança não caminha, porém, como um adulto, que anda de modo constante com um objetivo externo em mente.

> A criança pequena anda para desenvolver seus poderes; ela está construindo seu ser. Ela vai devagar. Não tem nem passo rítmico nem objetivo. Mas as

coisas a seu redor a atraem e a impelem a seguir em frente. Se o adulto quiser ajudar, deve renunciar a seu próprio ritmo e objetivo.[17]

Um quarto período sensível envolve um interesse intenso em objetos tão pequenos e tão detalhados que podem escapar inteiramente a nossa observação. A criança pode ficar absorta com insetos minúsculos, mal visíveis ao olho humano. É como se a natureza separasse um período especial para a criança explorar e apreciar seus mistérios, que mais tarde serão deixados de lado por um adulto ocupado.

Um quinto período sensível é revelado por um interesse nos aspectos sociais da vida. A criança fica profundamente envolvida em compreender os direitos civis dos outros e em estabelecer uma comunidade com eles. Ela tenta aprender boas maneiras e ajudar os outros, além de si mesma. Esse interesse social é exibido primeiro como uma atividade de observação e, depois, desenvolve-se em um desejo por um contato mais ativo com os outros.

Montessori considerava a descoberta dos períodos sensíveis uma de suas contribuições mais valiosas e o prosseguimento do estudo desses períodos uma tarefa importante para os educadores.

> Antes dessas revelações da verdadeira natureza da criança, as leis que governam a construção da vida psicológica permaneciam absolutamente desconhecidas. O estudo dos períodos sensíveis como algo que dirige a formação do homem pode se tornar uma das ciências de maior uso prático para a humanidade.[18]

Os períodos sensíveis descrevem o padrão que a criança segue para conhecer seu ambiente. O fenômeno da mente absorvente explica a qualidade especial e o processo pelo qual a criança alcança esse conhecimento.

Como a mente da criança ainda não está formada, ela precisa aprender de um modo diferente do modo do adulto. O adulto tem um conhecimento do seu ambiente sobre o qual construir, mas a criança deve começar do zero. É a mente absorvente que realiza essa tarefa aparentemente impossível. Ela permite uma absorção inconsciente do ambiente por meio de um estado mental pré-consciente especial. Por meio desse processo, a criança incorpora o conhecimento diretamente em sua vida psíquica. "As impressões não entram apenas na mente infantil, elas a formam, são encarnadas na criança."[19] Assim, uma atividade inconsciente prepara a mente. Isso é "sucedido por uma atividade consciente que é lentamente despertada e extrai do inconsciente o que ele pode oferecer."[20] A criança constrói sua mente dessa forma, pouco a pouco; ela estabelece a memória, o poder de compreensão e a capacidade de raciocínio. Essa criação por absorção

> estende-se a todas as características mentais e morais que são consideradas fixas na humanidade ou etnia ou comunidade e incluem patriotismo, religião, hábitos sociais, disposições técnicas, preconceitos e, de fato, todos os itens que compõem a soma total da personalidade humana.[21]

Aos 3 anos de idade, a preparação inconsciente necessária para o desenvolvimento e atividade posteriores está estabelecida. A criança agora embarca em uma nova missão: o desenvolvimento de suas funções mentais. "Antes dos 3 anos, as funções estão sendo criadas; depois dos 3 anos, elas se desenvolvem."[22]

A filosofia de Montessori afirma, então, que a criança contém um "embrião espiritual" ou padrão de desenvolvimento psíquico até mesmo antes do nascimento. As duas condições de um relacionamento integral com o ambiente e a liberdade para a criança devem existir para que esse embrião se desenvolva de acordo com seu plano. O objetivo da criança é se desenvolver, e ela é intrinsecamente motivada na direção desse objetivo com uma intensidade sem igual em toda a criação. Como ela deve se criar com base em estruturas psíquicas ainda não desenvolvidas, ela recebeu auxílios internos especiais para a tarefa: os períodos sensíveis e a mente absorvente. Os princípios ou leis naturais que governam o crescimento psíquico da criança se revelam apenas por meio do processo de desenvolvimento. Ao dar às crianças da Casa dei Bambini um ambiente aberto em que operar, Montessori pode observar essas leis naturais em ação nas crianças e começar a identificá-las.

Uma das coisas mais importantes que ela observou é a lei do trabalho. Montessori tinha observado que as crianças na Casa dei Bambini tinham atingido uma integração do "eu" por meio de seu trabalho. Elas pareciam imensamente satisfeitas, calmas e descansadas depois da mais diligente concentração nas tarefas que escolheram livremente fazer. Todo o comportamento destrutivo, quer agressivo e hostil ou passivo e apático, havia desaparecido. Montessori concluiu que alguma necessidade importante da criança devia ter sido suprida por meio dessa atividade de concentração e que o novo estado de integração psíquica que a criança havia atingido assim era, na verdade, seu estado normal.

Montessori se referiu a esse processo de integração psíquica como a normalização da criança.

> Entre as revelações que a criança nos trouxe, há uma de importância fundamental: o fenômeno da normalização por meio do trabalho. [...] É certo que a aptidão da criança para o trabalho representa um instinto vital, pois sem o trabalho a personalidade não pode se organizar e se desvia das linhas normais de sua construção. O homem constrói a si mesmo por meio do trabalho.[23]

Uma vez que o trabalho ajuda a criança a se tornar verdadeiramente quem é, ela é impulsionada à atividade e ao esforço constantes. Ela segue a lei do máximo esforço. Ela não pode ficar parada; é impelida a uma conquista contínua. "Para ser bem-sucedida por si mesma, intensifica os seus esforços."[24] Ao cumprir seu destino individual, ela parece descansada e satisfeita depois do trabalho, apesar da intensidade deste.

É óbvio que o trabalho da criança é muito diferente do trabalho do adulto. As crianças usam o ambiente para melhorar a si mesmas; os adultos usam a si mesmos para melhorar o ambiente. As crianças trabalham por causa do processo; os adultos trabalham para alcançar um resultado final. "É tarefa dos adultos construir um ambiente superposto à natureza, um trabalho voltado para o exterior que exige atividade e esforço inteligente; é a isso que chamamos trabalho produtivo, e ele é por natureza social, coletivo e organizado."[25] Ele deve, portanto, seguir uma lei de exercer o mínimo esforço para atingir a máxima produtividade. Ele procura ganho e auxílio. A criança não busca auxílio em seu trabalho. Ela deve realizá-lo sozinha.

Por causa da natureza social de sua vida, que não é nem adaptativa nem produtiva para a sociedade adulta, a criança contemporânea está, em grande medida, afastada dela. Ela está exilada em uma escola em que, com demasiada frequência, sua capacidade para crescimento construtivo e autorrealização é reprimida. Esse problema na civilização contemporânea aumenta conforme o papel do adulto se torna cada vez mais complexo. Nas sociedades primitivas, nas quais o trabalho era simples e podia ser realizado em um ritmo relaxado, o adulto podia coexistir com crianças em seu ambiente de trabalho, com menos atrito. A complexidade da vida moderna está tornando cada vez mais difícil para o adulto suspender suas próprias atividades "para seguir a criança, adaptando-se ao ritmo dela e às necessidades psicológicas de seu crescimento".[26]

Um segundo princípio revelado por meio do desenvolvimento da criança é a lei da independência. "Exceto quando há tendências regressivas, a natureza da criança é visar direta e energicamente à independência funcional. O desenvolvimento assume a forma de um impulso na direção de uma independência cada vez maior."[27] Ela usa essa independência para ouvir seu próprio guia interior quanto às ações que lhe podem ser úteis. "As forças internas afetam sua escolha e, se alguém usurpar a função desse guia, a criança é impedida de desenvolver sua vontade ou sua concentração."[28] É pelo fato de o adulto persistir em simplesmente usurpar essa posição de guia que grande parte do potencial infantil nunca é atualizado. O pleno desenvolvimento da personalidade é totalmente dependente da liberação progressiva da direção e da confiança externas.

Um terceiro princípio psíquico envolve o poder da atenção. Em certo estágio de seu desenvolvimento, a criança começa a dirigir sua atenção a objetos particulares em seu ambiente, com uma intensidade e interesse nunca vistos antes. "O aspecto essencial é que a tarefa provoque tal interesse que envolva toda a personalidade da criança."[29] Esse não é o ponto de chegada, mas o ponto de partida, pois a criança usa essa nova capacidade de concentração para consolidar e desenvolver sua personalidade. No início, ela será atraída por materiais que despertem seu interesse instintivo, como cores brilhantes. Contudo, conforme obtém mais experiência, ela estabelece um conhecimento interno sobre o "já conhecido" que, agora, evoca expectativa e interesse pelo novo e desconhecido.

> A criança se concentra naquelas coisas que já tem em sua mente, que ela absorveu no período anterior, pois tudo que foi conquistado tem uma tendência a permanecer na mente, a ser ponderado.[30]

Desse modo, um interesse perspicaz, baseado no intelecto, substitui um interesse instintivo, baseado em impulsos primitivos. Quando a criança atinge esse foco de atenção com base no interesse intelectual, ela se torna mais calma e mais controlada. Seu prazer nos atos de concentração é óbvio, e ela parece descansada e satisfeita. Montessori via essas manifestações exteriores de prazer como evidência do elemento constante de formação interna que acontecia na criança.

Depois que a coordenação interna é estabelecida por meio da capacidade da criança para atenção e concentração prolongadas, um quarto princípio psíquico que envolve a vontade é revelado. O "desenvolvimento da vontade é um processo lento que evolui por meio de uma atividade contínua em relacionamento com o ambiente."[31] A criança escolhe uma tarefa e deve, então, inibir seus impulsos na direção de movimentos estranhos. Uma formação interna da vontade é desenvolvida gradativamente por meio dessa adaptação aos limites de uma tarefa escolhida. Decisão e ação são, então, as bases para o desenvolvimento da vontade. Sermões sobre o que a criança deveria fazer são inúteis, pois não envolvem decisão nem ação. Do mesmo modo, não é a visão moral, mas essa formação interna desenvolvida pelo exercício da vontade que dá a força para controlar as próprias ações. Como o ensino tradicional limita severamente as oportunidades da criança para escolha e ação, Montessori sentia que ele "não só nega à criança todas as oportunidades para usar sua vontade, mas diretamente obstrui e inibe sua expressão".[32]

Montessori observou três estágios no desenvolvimento da vontade da criança. Primeiro, a criança inicia a repetição de uma atividade. Essa repetição ocorre depois que sua atenção foi polarizada e ela atingiu um grau de concentração em um dos exercícios. A criança pode repetir o ciclo de atividade do exercício muitas vezes com uma satisfação óbvia. Essa "repetição, tão trivial para o adulto, dá à criança a sensação de poder e independência".[33] Se os adultos persistirem em interromper a criança durante o ciclo de repetição, sua autoconfiança e capacidade de perseverar em uma tarefa serão seriamente comprometidas. A interrupção constante durante esse momento é tão perturbadora para a criança que Montessori sentiu que levava a criança a viver em um estado "similar a um pesadelo constante".[34]

Depois de alcançar a independência e o poder sobre seus próprios movimentos, a criança passa para um segundo estágio no desenvolvimento da vontade, em que começa espontaneamente a escolher a autodisciplina como um modo de vida. Ela faz essa escolha por sua própria liberação como uma pessoa. É um ponto de partida, não um final, que a leva ao autoconhecimento e à posse de si mesma. É um estado caracterizado pela atividade, não pela imobilidade que, muitas vezes, é chamada de "disciplina" na escola tradicional. Nesse estágio, a criança faz uso criativo de suas capacidades, aceita a responsabilidade de suas próprias ações e respeita os limites da realidade.

Depois de alcançar a autodisciplina, a criança atinge um terceiro estágio da vontade desenvolvida, que engloba o poder de obedecer. Esse poder é um fenômeno natural e "se mostra espontaneamente no final de um longo processo de maturação".[35]

O fenômeno da obediência segundo a filosofia montessoriana é, talvez, o aspecto de mais difícil aceitação e entendimento para os norte-americanos. Sugerir que as crianças possam desenvolver naturalmente a obediência em relação ao professor alimenta o medo de que elas possam se tornar escravas dependentes do mundo adulto e do *status quo*. Isso ocorre em parte porque o pensamento ocidental costuma considerar vontade e obediência como dois valores ou poderes separados. É o resultado das práticas educacionais do passado, que envolviam a supressão da vontade da criança para que ela fosse substituída pela vontade do professor. A obediência sem questionamento era assim buscada por meio de um processo de quebra da vontade da criança. Montessori, pelo contrário, considerava obediência e vontade partes integrantes do mesmo fenômeno, e a obediência correspondia ao estágio final do desenvolvimento da vontade.

A fim de seguir esse pensamento, é necessário entender a fonte da vontade na filosofia de Montessori. A vontade é concebida não como uma força independente, mas como proveniente de um grande poder universal ou "*horme*". O *horme* é definido como uma energia vital ou impulso para uma atividade com um propósito.

> Essa força universal não é física, mas é a própria força da vida no processo da evolução. Ela direciona todas as formas de vida irresistivelmente na direção da evolução e daí vêm os impulsos para a ação. Entretanto, a evolução não acontece por sorte nem por acaso, mas é governada por leis fixas, e se a vida do homem é uma expressão dessa força, o comportamento dele deve ser moldado por ela.

> Na vida da criança pequena, assim que ela realiza uma ação deliberadamente, por sua própria vontade, essa força começa a entrar em sua consciência. O que chamamos de vontade começou a se desenvolver, e esse processo continua daí em diante, mas apenas como resultado da experiência. A partir daí, começamos a pensar na vontade não como algo inato, mas como algo que tem de ser desenvolvido e, porque é uma parte da natureza, esse desenvolvimento só pode ocorrer em obediência às leis naturais. [...] Esse desenvolvimento é um processo lento que evolui por meio de uma atividade contínua em relacionamento com o ambiente.[36]

Quando o estágio final desse desenvolvimento é atingido, surge a obediência às forças da vida, e é essa obediência que torna possível a continuação da vida e da sociedade humanas.

> A vontade e a obediência então caminham lado a lado, pois a vontade é uma base anterior na ordem do desenvolvimento e a obediência é um estágio posterior que se apoia nessa base. [...] De fato, se a alma humana não tivesse essa qualidade, se os homens não tivessem desenvolvido, por alguma forma de processo evolutivo, essa capacidade para obediência, a vida social seria impossível.[37]

Aqui, Montessori não está discutindo a obediência cega que tem sido uma parte de nossa cultura contemporânea e que tem causado tanto horror e destruição.

> O olhar mais casual ao que está acontecendo no mundo é suficiente para nos mostrar como as pessoas são obedientes. Esse tipo de obediência é a razão real pela qual vastas massas de seres humanos podem ser arremessadas tão facilmente para a destruição. Essa é uma forma descontrolada de obediência, uma obediência que leva nações inteiras à ruína. Não há falta de obediência em nosso mundo, muito ao contrário! [...] Infelizmente, o que está ausente é o controle da obediência.[38]

O controle da obediência depende de duas condições: o desenvolvimento completo da obediência por meio dos vários estágios e o alcance do estágio final no desenvolvimento da vontade. A obediência se desenvolve em estágios, do mesmo modo que as outras características dos seres humanos.

No início, ela é ditada puramente pelo impulso hórmico, depois atinge o nível da consciência e, daí por diante, continua a se desenvolver, estágio por estágio, até se colocar sob o controle da vontade consciente.[39]

Esta vontade consciente, se foi desenvolvida sob circunstâncias naturais, não pode levar a atos destrutivos porque tem como fonte as forças da vida:

> Mas os fatos reais da situação são que a vontade não provoca a desordem e a violência. Estes são sinais de perturbação emocional e sofrimento. Sob condições adequadas, a vontade é uma força que impulsiona as atividades benéficas à vida. A natureza impõe à criança a tarefa de crescer, e a vontade dela a leva a fazer progressos e a desenvolver suas potencialidades.[40]

Então, quando a filosofia de Montessori fala de obediência, refere-se a uma característica natural do ser humano. Essa característica natural deve evoluir para uma obediência controlada ou inteligente, uma cooperação com as forças da vida e da natureza das quais depende a subsistência da vida e da sociedade humanas.

George Dennison é um escritor que tem boa percepção desse crescimento da obediência inteligente e da cooperação na criança e do modo com que se tornam estabelecidas nos relacionamentos contínuos entre adulto e criança. Na visão de Dennison, a criança vem a reconhecer a "autoridade natural dos adultos" por meio de sua experiência primeiro com os pais e, depois, com os outros adultos em seu mundo. Eles a aceitam, mas, ao cuidar dela, também lhe fazem determinadas exigências. Em seu maravilhoso livro *The lives of children*, Dennison descreve esse relacionamento desenvolvido com um menino chamado José.

> Minhas próprias exigências eram, então, uma parte importante da experiência de José. Elas não eram simplesmente as exigências de um professor, nem as de um adulto, mas pertenciam a meu próprio modo de cuidar de José. E ele sentia isso. Havia algo que ele valorizava no fato de eu lhe fazer exigências. [...] Nós nos tornamos colaboradores no negócio da vida. [...] O que ele valorizava, acima de tudo, era isto: que um adulto, com uma vida própria, estivesse disposto a ensiná-lo. [...] Na medida em que sentia minha vida se estendendo além dele para o que, para ele, era o desconhecido, meu significa-

do como um adulto foi ampliado, e as coisas que eu já sabia e podia lhe ensinar ganharam o brilho que realmente tinham na vida.[41]

Um quinto princípio psíquico, o desenvolvimento da inteligência, governa a chave para entender a própria vida. Essa é a "chave que põe em movimento os mecanismos essenciais à educação".[42] A inteligência é definida como "a soma das atividades reflexas e associativas ou reprodutivas que permitem à mente construir a si mesma e se colocar em relação com o ambiente".[43]

O início do desenvolvimento intelectual é a consciência da diferença ou distinção no ambiente. A criança obtém essas percepções por meio dos sentidos; depois, deve organizá-las em uma disposição ordenada em sua mente. Não há nada de bom em ter tido contato com um ambiente estimulante e diversificado se isso só resultasse em um caos de impressões mentais. "Ajudar no desenvolvimento da inteligência é ajudar a colocar em ordem as imagens da consciência."[44] O primeiro sinal de que esse processo interno está acontecendo será a rapidez da resposta aos estímulos, e o segundo será a ordenação dessas respostas.

Uma sexta lei natural governa o desenvolvimento da imaginação e da criatividade da criança, que são poderes inatos que se desenvolvem conforme suas capacidades mentais são estabelecidas por meio de sua interação com o ambiente. O ambiente deve ser belo, harmônico e baseado na realidade, a fim de que a criança organize as percepções que tem dele. Uma vez desenvolvidas as percepções realistas e ordenadas da vida a seu respeito, a criança é capaz de selecionar e enfatizar os processos necessários aos empreendimentos criativos. Ela "abstrai as características dominantes das coisas e, assim, tem sucesso em associar suas imagens e em mantê-las no primeiro plano da consciência."[45] Montessori enfatizou que essa capacidade seletiva requer três qualidades: um admirável poder de atenção e concentração que aparece quase como uma forma de meditação, uma considerável autonomia e independência de julgamento e uma fé esperançosa que permanece aberta à verdade e à realidade.

Montessori tinha uma preocupação especial com a última qualidade, pois sentia que os adultos muitas vezes impediam, inadvertidamente, esse desenvolvimento nas crianças. A criança pequena tem uma tendência a criar fantasias e a permanecer nelas. Os adultos se acostumaram a considerar essas fantasias uma prova das capacidades imaginativas superiores da criança. Montessori considerava-as prova não de sua imaginação, mas de sua posição dependente e impotente na vida. "Um adulto se conforma com sua sorte; uma criança cria uma ilusão."[46] Do mesmo modo, Montessori considerava a crença da criança no fruto das imaginações do adulto – como a tradição do Papai Noel – uma prova, não da imaginação da criança, mas de sua credulidade, uma credulidade que desaparece conforme ela amadurece e sua inteligência se desenvolve. O adulto substitui a imaginação da criança pela sua porque vê continuamente a criança como um ser passivo por quem deve agir.

> A criança é geralmente considerada um ser receptivo em vez de um ser ativo, e isso acontece em todas as áreas de sua vida. Até a imaginação é tratada assim: os contos de fadas e as histórias de princesas encantadas são contados com o objetivo de incentivar a imaginação da criança. Mas, quando ouve esses e outros tipos de histórias, ela só está recebendo impressões. Ela não está desenvolvendo seus próprios poderes para imaginar construtivamente.[47]

Além de um ambiente de beleza, ordem e realidade, Montessori percebeu que a criança precisa de liberdade para desenvolver a criatividade, para selecionar o que a atrai em seu ambiente, para se relacionar com isso sem interrupção e pelo tempo que desejar, para descobrir soluções e ideias e escolher uma resposta própria e para comunicar e compartilhar suas descobertas com os outros conforme queira. A alienação ou o desapego da criança, características da maior dessas fases do processo criativo, têm sido amplamente reconhecidos pelos visitantes das salas de aula montessorianas. Contudo, sua fonte nem sempre tem sido adequadamente identificada. Muitas vezes, os observadores só são sensíveis ao isolamento temporário da criança em relação a seus colegas e não reconhecem esse estado como uma parte do próprio processo criativo.

A criança na sala de aula montessoriana também está livre do julgamento de uma autoridade externa, que tanto aniquila o impulso criativo. Isso está em contraste direto com o ambiente da escola tradicional, em que a base para avaliação sempre está fora da criança. Os resultados desastrosos desse ambiente de sala de aula controlador e de julgamento constante estão registrados com sensibilidade no livro *How children fail*, de John Holt. Em contraste com a educação tradicional, Montessori merece o crédito por uma apreciação precoce do escopo da criatividade e por desenvolver meios melhores para incentivá-la do que aqueles que haviam sido propostos até então.[48]

Um sétimo princípio psíquico lida com o desenvolvimento da vida emocional e espiritual da criança. Montessori acreditava que a criança tem dentro de si, ao nascer, os sentidos que respondem a seu ambiente emocional e espiritual e, desse modo, desenvolve sua capacidade para respostas amorosas e compreensivas aos outros e a Deus. Esses sentidos inatos correspondem aos presentes no nascimento para reagir ao mundo físico e, consequentemente, desenvolver a inteligência. A criança atinge o desenvolvimento dessa última por meio dos estímulos do mundo material, mas, para os primeiros, ela precisa do estímulo dos seres humanos. Ela é primeiramente ativada por meio de uma experiência amorosa com a mãe. O amor da criança por ela desperta seus sentidos internos e torna possível, por sua vez, suas respostas amorosas. Depois que o despertar emocional da criança ocorre, ela começa a responder à oferta de relacionamentos amorosos dos outros. É a riqueza de material emocional nos outros que a atrairá, do mesmo modo que a riqueza dos estímulos físicos a atraía para seu ambiente material. A atração é delicada e sutil e pode ser destruída facilmente ao se lidar com a vida emocional ou com a vida intelectual. Portanto, a livre escolha da criança deve, mais uma vez, ser respeitada. Se o adulto teve o cuidado de apresentar à criança os meios de que ela precisa para seu desenvolvimento e está sempre pronto a ajudar, mas nunca a dominar, então a criança certamente responderá ao amor e ao respeito do adulto. "Chegará o dia em que o espírito dela vai se tornar sensível ao nosso espírito [...] O poder de nos obedecer, de nos comunicar suas conquistas, de compartilhar suas alegrias conosco, será o novo elemento na vida dela."[49] Finalmente, ela começará a responder às outras crianças também, demonstrando consciência e interesse no trabalho e no progresso delas, além do seu próprio.

Para atingir a maturidade emocional e espiritual, a criança deve desenvolver não só sua capacidade interna para o amor, mas também seu senso moral. Mais uma vez, Montessori acreditava que esse era um sentido interno presente no nascimento. "Não é de surpreender que deva haver uma sensação interna que nos alerte dos perigos e nos faça reconhecer as circunstâncias favoráveis da vida."[50] Para que o desenvolvimento do senso moral aconteça, a criança precisa de um ambiente em que o bem e o mal estejam claramente diferenciados. Esse "bem e mal" não deve ser confundido com hábitos sociais adquiridos, mas é de natureza última e está ligado à própria vida. "Bem é vida; mal é morte; a distinção real é tão clara quanto as palavras."[51]

Um oitavo princípio psíquico está relacionado aos estágios do crescimento infantil. Montessori observou que o desenvolvimento infantil ocorre em estágios que podem ser bem definidos pela idade cronológica. Ela esboçou cinco períodos de crescimento. O período do nascimento aos 3 anos é caracterizado pelo crescimento inconsciente e pela absorção. A estrutura interna do desenvolvimento emocional e intelectual está sendo criada por meio dos períodos sensíveis e da mente absorvente. Trata-se de um período de energia sem igual e esforço intenso para a criança, pois de fato toda a sua vida dependerá do que puder alcançar. Durante o período entre 3 e 6 anos, a criança gradualmente leva o conhecimento de seu inconsciente para um nível consciente. Aos 6 anos, sua formação interna de disciplina e obediência já foi estabelecida, e ela desenvolveu um modelo interno da realidade no qual baseia seus esforços imaginativos e criativos. Entre 6 e 9 anos, ela é capaz de construir as habilidades acadêmicas e artísticas essenciais para uma vida de realização em sua cultura. No período dos 9 aos 12 anos, a criança está pronta para se abrir para o conhecimento do próprio universo. É um período similar ao anterior que se estendeu do nascimento aos 3 anos, quando ela absorveu avidamente tudo em seu ambiente. No entanto, agora ela está aprendendo com sua mente consciente e, em vez de ser limitada por seu ambiente imediato, ela pode atingir até mesmo o próprio cosmos. Seu interesse intelectual para o resto da vida dependerá das oportunidades durante esse período. É por esse motivo que a escolarização nessa época deve incluir uma exposição ao mundo tão completa quanto possível e não ser fragmentada em unidades isoladas de matérias como é o costume atual nas escolas tradicionais. O período dos 12 aos 18 anos é o momento para explorar, em profundidade, áreas mais concentradas de interesse. A criança deve começar a escolher o padrão de empreendimento que seguirá durante a vida e, assim, durante esse período, é necessário limitar as escolhas. Em muitas culturas, o período de decisão é adiado até uma idade mais avançada. Como, em geral, isso não é incentivado nem permitido na idade natural, ocorrem problemas emocionais e intelectuais desnecessários. A rebeldia adolescente, considerada tão inevitável em nossa cultura, é um fenômeno que não é visto em muitas outras civilizações. O conhecimento que Montessori tinha de antropologia pode ter sido a principal razão para a percepção desses problemas da adolescência com base em padrões culturais.

Como foi por meio da observação da criança que Montessori fez as descobertas dos períodos sensíveis, da mente absorvente e das leis naturais que governam o desenvolvimento psíquico, ela determinou que a educação deve ter um novo objetivo: estudar e observar a própria criança desde o momento de sua concepção. Só assim é que uma nova educação, baseada na ajuda aos poderes interiores da criança, pode ser desenvolvida para substituir o método atual, baseado na transmissão do conhecimento passado. Montessori sentia que haveria esperança para nosso mundo turbulento se isso pudesse ser feito.

> Apenas uma investigação científica da personalidade humana pode nos levar à salvação, e temos diante de nós, na criança, uma entidade psíquica, um grupo social de tamanho imenso, um verdadeiro poder mundial se corretamente usado. Se a salvação e a ajuda estiverem por vir, virão da criança, pois ela é a construção do homem e, assim, da sociedade. A criança está dotada de um poder interior que pode nos guiar para um futuro mais luminoso. A educação não deve mais ser principalmente a comunicação do conhecimento, mas deve tomar um novo caminho, buscando a liberação das potencialidades humanas. Quando essa educação deveria começar? Nossa resposta é que a grandeza da personalidade humana começa no nascimento, uma afirmação cheia de realidade prática, embora visivelmente mística.
>
> A observação científica então estabeleceu que a educação não é o que o professor dá; a educação é um processo natural, realizado espontaneamente pelo indivíduo humano e adquirido não ao ouvir palavras, mas por meio de experiências com o ambiente. A tarefa do professor torna-se a de preparar uma série de motivos de atividade cultural, espalhada em um ambiente especialmente preparado e, depois, evitar a interferência inoportuna. Os professores humanos só podem auxiliar o grande trabalho que está sendo feito, como os servos auxiliam o mestre. Ao fazer isso, serão testemunhas do desenvolvimento da alma humana e do surgimento de um Novo Homem que não será vítima dos acontecimentos, mas terá clareza de visão para dirigir e moldar o futuro da sociedade humana.[52]

Capítulo 3

O método Montessori

AO CONTRÁRIO DE MUITOS filósofos da educação, Montessori desenvolveu um método educacional para implementar sua filosofia. A esse respeito, sua genialidade é uma razão importante para o impacto duradouro e difundido de seu trabalho. Deve-se ter em mente, porém, que Montessori queria que seu método fosse considerado um sistema aberto e não algo fixo. Ela acreditava em inovação na sala de aula, e toda a sua abordagem educacional tinha o espírito da experimentação constante com base na observação da criança.

Existem dois componentes principais no método Montessori: o ambiente, que inclui os materiais e exercícios educacionais, e os professores, que preparam esse ambiente. Montessori considerava a ênfase no ambiente um elemento básico de seu método. Ela descrevia esse ambiente como um lugar que nutria a criança, planejado para suprir suas necessidades de autoconstrução e revelar para nós sua personalidade e padrões de crescimento. Isso significa que o ambiente não deve conter apenas aquilo de que a criança precisa, no sentido positivo, mas que todos os obstáculos ao crescimento dela também devem ser removidos.

Embora Montessori desse uma ênfase notável ao ambiente, é importante ter em mente três ideias. Primeiro, ela considerava o ambiente secundário em relação à própria vida. "Ele pode modificar, pois pode ajudar ou impedir, mas nunca pode criar. [...] As origens do desenvolvimento, tanto na espécie quanto no indivíduo, estão no interior."[1] Então, a criança não cresce por ter sido colocada em um ambiente que nutre. "Ela cresce porque a vida potencial no interior dela se desenvolve, tornando-se visível."[2] Em segundo lugar, o ambiente deve ser cuidadosamente preparado para a criança por um adulto sensível e bem-informado. Em terceiro lugar, o adulto deve ser um participante na vida da criança e no seu crescimento interno.

> Simplificando, o ambiente deve ser vivo, dirigido por uma inteligência mais elevada, organizado por um adulto que esteja preparado para sua missão. É nisso que nossa concepção difere tanto daquela do mundo em que o adulto faz tudo pela criança e daquela de um ambiente passivo em que o adulto abandona a criança a si mesma. [...] Isso significa que não basta colocar a criança entre objetos em proporção com seu tamanho e força; o adulto que irá ajudá-la deve ter aprendido a fazer isso.[3]

Para que a professora desempenhe esse importante papel no ambiente para a criança, deve estar claramente aberta à vida e ao processo de se tornar si mesma. Se a professora for uma pessoa rígida, para quem a vida se transformou em existir e não em crescer, ela não será capaz de preparar um ambiente vivo para as crianças. Sua sala de aula será um lugar estático, em vez de ativamente responsivo às contínuas mudanças nas necessidades de uma criança em crescimento. É essencial ter em mente essa compreensão antes de passar a uma descrição do ambiente Montessori, que em grande parte dependerá da capacidade da professora para participar com as crianças de uma vida de transformação.

Existem seis componentes básicos no ambiente de uma sala de aula montessoriana. Eles lidam com os conceitos de liberdade, estrutura e ordem, realidade e natureza, beleza e atmosfera, os materiais Montessori e o desenvolvimento de uma vida em comunidade.

Liberdade é um elemento essencial em um ambiente Montessori por dois motivos. Primeiro, porque somente em uma atmosfera de liberdade a criança pode se revelar para nós. Uma vez que o dever do educador é identificar e auxiliar o desenvolvimento psíquico da criança, ele deve ter uma oportunidade de observá-la em um ambiente tão livre e aberto quanto possível. Para que uma nova educação possa "surgir do estudo do indivíduo, esse estudo deve se ocupar com a observação de crianças livres".[4] Em segundo lugar, se a criança possui dentro de si mesma o padrão para o próprio desenvolvimento, deve-se permitir que esse guia interno dirija o crescimento infantil.

Embora educadores anteriores tenham advogado a liberdade da criança, Montessori tinha um novo conceito em mente.

> É verdade que alguns pedagogos, liderados por Rousseau, deram voz a princípios pouco práticos e a aspirações vagas de liberdade para a criança, mas o verdadeiro conceito de liberdade é praticamente desconhecido dos educadores.[5]

A liberdade a que os educadores anteriores se referiam era, muitas vezes, uma reação negativa a uma dominação prévia, uma liberação dos laços opressivos ou da submissão anterior à autoridade que resulta em um transbordamento de desordem e impulsos primitivos. Montessori considerava que uma criança que recebia liberdade nessa situação estava à mercê de seus desvios, não no comando de sua própria vontade. Ela não estaria nem um pouco livre.

Segundo Montessori, a liberdade para a criança dependia de um desenvolvimento prévio e da construção de sua personalidade envolvendo independência, vontade e disciplina interna. "A verdadeira liberdade [...] é uma consequência do desenvolvimento [...] de guias latentes, auxiliados pela educação."[6] Os guias latentes internos da criança a dirigem para a independência, vontade e disciplina essenciais para sua liberdade. Como ela pode ser auxiliada em seu desenvolvimento? Em primeiro lugar, ela deve ser ajudada na direção da independência por meio do ambiente. "O erro absurdo na visualização da liberdade da criança na educação está em imaginar sua independência hipotética do adulto, sem a preparação correspondente do ambiente."[7] A criança deve receber atividades que incentivem a independência e não deve ser ajudada pelos outros em atos que ela mesma possa aprender a fazer.

> Ninguém pode ser livre se não for independente: portanto, as primeiras manifestações ativas da liberdade individual da criança devem ser guiadas de forma que, por meio de sua atividade, ela possa chegar à independência. [...]
>
> Nós habitualmente servimos às crianças; e esse não só é um ato de subserviência em relação a elas, mas é perigoso, pois tende a sufocar sua atividade útil e espontânea. [...]

Nossa obrigação para com ela é, em todos os casos, ajudá-la a conquistar os atos úteis que a natureza pretende que desempenhe.[8]

Em segundo lugar, a criança deve ser ajudada a desenvolver sua vontade sendo incentivada a coordenar suas ações na direção de um fim determinado e a alcançar algo que ela mesma escolheu fazer. Os adultos devem tomar cuidado para não tiranizar a criança e não impor sua vontade sobre a dela.

Em terceiro lugar, a criança deve ser auxiliada no desenvolvimento da disciplina por meio de oportunidades de trabalho construtivo. "Para obter disciplina [...] não é necessário que o adulto seja um guia ou mentor em sua conduta, mas que dê à criança oportunidades de trabalho."[9] O processo pelo qual a disciplina interna resulta do trabalho da própria criança será discutido mais detalhadamente adiante, mas seu papel principal deve ser mantido em mente.

Em quarto lugar, a criança deve ser auxiliada no desenvolvimento de uma compreensão clara de bem e mal. "A primeira ideia que a criança deve adquirir, a fim de ser ativamente disciplinada, é a da diferença entre o bem e o mal."[10] Para alcançar essa distinção, o adulto deve estabelecer limites firmes contra as ações destrutivas e antissociais.

> A liberdade da criança deve ter como limite o interesse coletivo; como sua forma, o que consideramos universalmente uma boa criação. Devemos, portanto, verificar na criança qualquer coisa que ofenda ou perturbe os outros ou qualquer coisa que tenda a atos brutos ou malcriados.[11]

Montessori descreveu uma sala de aula que tivesse alcançado seu conceito de operação livre como "uma sala em que todas as crianças se movimentassem de modo útil, inteligente e voluntário, sem cometer nenhum ato rude ou bruto".[12]

No esforço para desenvolver essa liberdade, deve ficar estabelecido com clareza que apenas os atos destrutivos da criança serão limitados. "Todo o resto – qualquer manifestação que tenha um escopo útil –, qualquer que seja e sob qualquer forma de expressão, deve ser não só permitido, mas observado pelo professor."[13]

Portanto, as crianças são livres para se movimentarem à vontade – idealmente para um ambiente externo, quando o clima permitir, além do ambiente interno da sala de aula. Montessori descreveu esse ambiente externo como um "espaço ao ar livre que esteja em comunicação direta com a sala de aula, de modo que as crianças possam sair e entrar quando quiserem, durante todo o dia".[14] Por causa dessa liberdade de movimento, o dia em uma escola montessoriana não é dividido entre períodos de trabalho e períodos de descanso ou brincadeira, como é a prática aceita nas escolas tradicionais.

As crianças têm liberdade para escolher suas próprias atividades na sala de aula, mais uma vez tendo em mente "que não falamos de atos inúteis ou perigosos, pois estes devem ser suprimidos".[15] Essa proteção da escolha da criança é um dos elementos principais no método Montessori e não deve ser violada. "É necessário evitar rigorosamente o impedimento de movimentos espontâneos e a imposição de tarefas arbitrárias."[16] A fim de poder escolher as atividades, uma variedade de exercícios planejados para sua autoeducação deve ser apresentada à criança.

> A criança, deixada livre para exercitar suas atividades, deve encontrar em seu ambiente algo organizado, em relação direta com a organização interna, que está se desenvolvendo dentro de si conforme as leis naturais.[17]

Uma escolha verdadeira dependerá do conhecimento dos exercícios. Antes de usar os materiais, então, a criança deve ser apresentada a eles ou por meio de uma aula individual dada pela professora ou por observar seu uso por outra criança.

Como são temporariamente impostas à liberdade da criança, essas lições são breves.

> Admitimos que todas as lições infringem a liberdade da criança e, por esse motivo, permitimos que durem apenas alguns segundos. [...] Posteriormente, na livre escolha e na repetição do exercício, bem como na atividade subsequente, espontânea, associativa e reprodutiva, a criança será deixada "livre".[18]

A fim de não interferir na livre escolha de atividade por parte da criança, não há competições nem prêmios induzidos artificialmente, nem punições na sala de aula montessoriana.

> Tais prêmios e punições são [...] o instrumento de escravidão para o espírito. [...] O prêmio e a punição são incentivos na direção de um esforço não natural ou forçado e, portanto, não podemos certamente falar de desenvolvimento natural da criança em conexão com eles.[19]

As crianças têm tanta liberdade quanto possível para estabelecer suas relações sociais umas com as outras. Montessori sentia que, em sua maioria, as crianças gostam de resolver seus problemas sociais e que os adultos podem prejudicá-las com interferências prematuras e frequentes.

> Quando os adultos interferem neste primeiro estágio de preparação para a vida social, eles quase sempre cometem erros. [...] Os problemas aparecem a cada passo, e as crianças sentem muito prazer ao enfrentá-los. Elas ficam irritadas se interferimos e encontram uma saída se forem deixadas por si mesmas.[20]

Ao contrário das salas de aula tradicionais, as crianças falam umas com as outras e fazem atividades em conjunto sempre que quiserem. Elas não são forçadas, sutilmente ou não, a tomar parte de nenhuma atividade em grupo nem a partilhar algo com as outras quando não estão prontas ou interessadas. Como não são obrigadas a competir entre si, o desejo natural de ajudar os outros se desenvolve espontaneamente. Esse fenômeno é especialmente interessante de observar entre as crianças mais velhas e as mais novas na sala de aula, cuja diferença de idade pode chegar até a quatro anos.

Como a abordagem de Montessori em relação à vida social das crianças é diferente da aplicada em uma sala de aula tradicional, a ênfase nesse aspecto muitas vezes passa despercebida.

> Professores que usam métodos diretos não conseguem entender como o comportamento social é incentivado em uma escola montessoriana; acham que Montessori oferece material acadêmico, mas não material social. Eles dizem: "Se a criança faz tudo sozinha, o que acontece com a vida social?"

Mas o que é a vida social se não a resolução de problemas sociais, um comportamento adequado e a busca de objetivos aceitáveis por todos? Para tais professores, a vida social consiste em sentar lado a lado e ouvir outra pessoa falando, mas isso é justamente o oposto. A única vida social que as crianças têm nas escolas comuns ocorre no recreio ou em excursões. As nossas crianças vivem sempre em uma comunidade ativa.[21]

Por meio da liberdade que recebe em um ambiente Montessori, a criança tem uma oportunidade única de refletir sobre suas próprias ações, determinar as consequências para si mesma e para os outros, testar-se contra os limites da realidade, descobrir o que lhe dá um senso de realização e o que a faz sentir-se vazia e insatisfeita, além de descobrir tanto suas capacidades quanto seus pontos fracos. A oportunidade de desenvolver o autoconhecimento é um dos resultados mais importantes da liberdade em uma sala de aula montessoriana.

Um segundo elemento importante no ambiente Montessori consiste em estrutura e ordem. A estrutura e a ordem subjacentes ao universo devem se refletir na sala de aula para que a criança as internalize e, assim, construa sua própria ordem mental e inteligência. Por meio dessa ordem internalizada, a criança aprende a confiar em seu ambiente e em seu poder para interagir com ele de um modo positivo. Isso garante a possibilidade de atividade com propósito para a criança. Ela sabe aonde ir para encontrar os materiais que deseja. Para ajudá-la nessa escolha, os materiais estão agrupados segundo o interesse com que se relacionam e arrumados em sequência conforme sua dificuldade ou grau de complexidade.

Essa ordem significa que a criança tem a possibilidade de um ciclo completo de atividade ao usar os materiais. Ela encontrará todas as peças necessárias para o exercício que escolher; nada estará quebrado nem faltando. Ninguém terá permissão de interrompê-la nem de interferir em seu trabalho. Ela devolverá os materiais ao lugar e no estado em que os encontrou. Ao devolver os materiais, a criança não só participa do ciclo completo de atividade, mas se torna um membro integral ao manter a ordem da sala de aula. O modo natural com que a criança aceita essa responsabilidade em uma sala de aula montessoriana muitas vezes surpreende os pais e educadores. Estamos acostumados a observar as crianças em ambientes que não estão estruturados para suas necessidades e, portanto, não costumamos ter uma oportunidade de testemunhar esse aspecto do desenvolvimento de sua natureza.

Embora seja essencial que o ambiente esteja ordenado, não é necessário nem desejável que cada item permaneça exatamente no mesmo lugar. Na prática, um professor atento achará necessário rearranjar continuamente diversos itens individuais no ambiente a fim de mantê-lo como um lugar vivo, que responde às crianças conforme elas crescem. Por exemplo, se um professor sentir que um material pode ter se transformado em parte do pano de fundo e, assim, é desconsiderado, ou que deseje chamar a atenção de uma criança para um exercício sem dar uma instrução óbvia, ele pode colocar o material em uma mesa situada em algum lugar de destaque na sala por um ou dois dias. Esse professor descobrirá a flexibilidade de que precisa para manter a ordem necessária na sala de aula, sem criar um ambiente estático, se tiver em mente o propósito subjacente da estrutura para a criança: a ordem não serve às necessidades de adultos inseguros ou rígidos, mas auxilia as crianças na construção de sua inteligência e confiança no ambiente.

Um terceiro componente do ambiente Montessori é sua ênfase em realidade e natureza. A criança deve ter a oportunidade de internalizar os limites da natureza e da realidade para que possa se liberar de suas fantasias e ilusões, tanto físicas quanto psicológicas. Só desse modo ela pode desenvolver a autodisciplina e a segurança de que precisa para explorar seus mundos externo e interno e se tornar um observador atento e apreciativo da vida. O equipamento na sala de aula, portanto, é criado para colocar a criança em um contato mais próximo com a realidade. Geladeira, fogão, pia e telefone são todos autênticos. A prata a ser polida está manchada. Um alimento nutritivo é preparado e servido. Não só o equipamento é realista, como também não é projetado para ocultar e, assim, incentivar os erros. O mobiliário é leve, e um cuidado razoável deve ser exercido para não derrubá-lo. Muitas vezes, copos de vidro são usados para suco, um ferro de passar aquecido para passar roupa, uma faca afiada para cortar vegetais.

Também como no mundo real, onde não é possível que todos usem a mesma coisa ao mesmo tempo, existe apenas uma peça de cada tipo de equipamento na sala de aula Montessori. Por não ter alternativa, a criança aprende a esperar até que o outro tenha terminado, se o exercício que ela deseja estiver em uso. "A criança percebe que deve respeitar o trabalho dos outros, não porque alguém disse que deve, mas porque essa é uma realidade que ela encontra em sua experiência diária."[22]

Montessori enfatizava a importância do contato com a natureza para a criança em desenvolvimento. O homem "ainda pertence à natureza e, especialmente quando é criança, ele precisa extrair dela as forças necessárias ao desenvolvimento do corpo e do espírito".[23] O método desejado para o contato inicial com a natureza era o cuidado de plantas e animais.[24] Montessori tinha consciência de que, com a expansão da vida urbana, seria cada vez mais difícil satisfazer essa necessidade profunda da criança, mas insistia:

> Deve haver, contudo, um planejamento para que a criança tenha contato com a natureza, entenda e aprecie a ordem, a harmonia e a beleza na natureza e também domine as leis naturais que são a base de todas as ciências e artes, de modo que possa entender melhor e participar das coisas maravilhosas que a civilização cria. Acelerar a marcha da civilização e, ao mesmo tempo, estar em contato com a natureza cria um difícil problema social. Assim, torna-se um dever da sociedade satisfazer as necessidades infantis nos diversos estágios do desenvolvimento, para que a criança e, consequentemente, a sociedade e a humanidade não retrocedam, mas avancem a caminho do progresso.[25]

Essa ênfase na natureza deve permear a atmosfera do ambiente montessoriano e ser um de seus componentes mais prontamente reconhecíveis. A sala de aula e a área externa devem estar vivas com todo tipo de coisas em crescimento que sejam cuidadas pelas crianças. Além disso, deve haver lupas, microscópios e experimentos simples de vários tipos que as crianças possam realizar sozinhas. E, talvez o mais importante de tudo, é que as crianças devem passar um tempo sem pressa nos parques e na zona rural para descobrir a unidade com a criação e absorver a maravilha do mundo natural.

Um quarto conceito fundamental do ambiente Montessori está intimamente ligado com a ênfase dada à natureza: beleza e uma atmosfera que incentive uma resposta positiva e espontânea à vida. Talvez por ter começado sua vida como educadora de crianças em hospícios e comunidades carentes, a Dra. Montessori era especialmente sensível a essa necessidade da criança. Ela considerava a beleza não como um auxílio extra para a criança em desenvolvimento, mas como uma necessidade positiva para evocar seu poder de responder à vida. Como a verdadeira beleza se baseia na simplicidade, a sala de aula não precisa ser um lugar elaborado, mas tudo nela deve ser de bom *design* e qualidade e tão cuidadosa e atrativamente arranjado como em uma exibição bem planejada. As cores devem ser brilhantes e alegres e dispostas de modo harmônico. A atmosfera da sala deve ser relaxante e quente e estimular a participação.

Um quinto componente da sala de aula, o equipamento Montessori, é amplamente conhecido, mas seu papel é muitas vezes mal compreendido. Por sua visibilidade, os materiais Montessori tendem a ser excessivamente enfatizados em relação aos outros elementos do método. Além disso, o propósito deles frequentemente é confundido. Não se trata de equipamentos de aprendizado no sentido convencional porque seu objetivo não é o externo, de ensinar habilidades às crianças nem de transmitir conhecimento por meio do "uso correto".[26] Em vez disso, o objetivo é o interno, de auxiliar a autoconstrução e o desenvolvimento psíquico da criança. Eles auxiliam esse crescimento, dando à criança estímulos que prendem sua atenção e iniciam um processo de concentração.

> O mais essencial para o desenvolvimento da criança é a concentração. [...] Ela deve descobrir como se concentrar e para isso precisa de coisas em que se concentrar. [...] De fato, é aí que se situa realmente a importância de nossas escolas. Elas são locais em que a criança pode achar o tipo de trabalho que lhe permita fazer isso.[27]

Se a professora tiver materiais a oferecer que polarizem a atenção da criança, ela poderá lhe dar a liberdade de que precisa para seu desenvolvimento.[28]

A fim de servir ao propósito de formação interna, os materiais devem corresponder às necessidades internas da criança. Isso significa que qualquer material individual deve ser apresentado à criança no momento certo de seu desenvolvimento. Montessori sugeriu a idade ideal para apresentar cada um de seus materiais às crianças; porém, o momento sensível para apresentação a qualquer criança deve ser determinado por observação e experimentação. O professor observa a qualidade da concentração da criança e a repetição espontânea de suas ações com um material. Essas respostas indicarão a significância do material para a criança naquele momento específico de seu crescimento e se a intensidade do estímulo que aquele material representa para ela corresponde a suas necessidades internas. Tanto o próprio material quanto a intensidade do estímulo que apresenta podem ser variados para suprir as necessidades internas da criança.[29] A quantidade dos estímulos também deve ser ajustada às suas necessidades.

> Uma quantidade excessiva de material educativo [...] pode dispersar a atenção, tornar mecânicos os exercícios com os objetos e fazer com que a criança passe seu momento psicológico de ascensão sem perceber e sem aproveitar. [...] A abundância excessiva debilita e retarda o progresso. Isso foi provado repetidas vezes.[30]

Como é essencial combinar os materiais com as necessidades internas da criança, não pode haver rotina ao seguir a progressão desejada na apresentação dos materiais. A professora deve ser flexível na alteração da sequência ou na omissão de materiais de que uma criança mostra não ter necessidade.

Como os materiais educacionais do passado foram planejados para uma criança passiva, que esperava receber instruções, Montessori considerou que seus materiais representavam um "afastamento científico" do passado. Os materiais dela baseiam-se

> na concepção de uma personalidade ativa – reflexiva e associativa –, que se desenvolve por uma série de reações induzidas por estímulos sistemáticos que foram determinados por experimentação. Essa nova pedagogia, desse modo, pertence à série de ciências modernas. [...] O "método" em que se baseia – ou seja, experimentação, observação, evidência ou prova, reconhecimento de novos fenômenos, reprodução e utilização – indubitavelmente a coloca entre as ciências experimentais.[31]

Essa nova abordagem educacional, que lhe foi sugerida pelo trabalho de Itard e Séguin, era considerada por Montessori sua "contribuição inicial à educação" e "a chave" para a continuação de seu trabalho.[32]

Além da significância para a criança, existem pelo menos cinco outros princípios envolvidos na determinação dos materiais Montessori. Primeiramente, a dificuldade ou o erro a ser descoberto e compreendido pela criança deve ser isolado em uma única peça do material. Esse isolamento simplifica a tarefa da criança e a capacita a perceber o problema mais prontamente. Uma torre de blocos apresentará apenas uma variação em tamanho de bloco a bloco, não uma variação em tamanho, cor, formatos e sons, como tantas vezes é o caso com as torres de blocos nas lojas de brinquedos norte-americanas.

Em segundo lugar, os materiais progridem de formatos e usos simples para mais complexos. Um primeiro conjunto de hastes numéricas para ensinar seriação varia apenas em comprimento. Depois de descobrir o comprimento sensorialmente por meio dessas hastes, um segundo conjunto com cores vermelha e azul, em 1 metro de dimensão, pode ser usado para associar números e comprimento e para entender problemas simples de adição e subtração. Um terceiro conjunto de hastes, de tamanho muito menor (uma vez que a dependência inicial da aprendizagem sensorial e do desenvolvimento motor já tenha sido superada), é usado em associação com uma tabela ou placa para problemas matemáticos mais complicados e para a introdução da escrita de problemas numéricos.

Em terceiro lugar, os materiais são planejados de modo a preparar a criança indiretamente para a futura aprendizagem. O desenvolvimento da escrita é um bom exemplo dessa preparação indireta. Desde o início, os pinos dos materiais, pelos quais a criança os levanta e manipula, agem para coordenar a ação motora do indicador e do polegar. Por meio dos projetos que envolvem o uso de encaixes de metal para guiar seus movimentos, a criança desenvolve a capacidade de usar um lápis. Ao traçar as letras de lixa com o dedo, ela desenvolve uma memória muscular do padrão para formar as letras. Quando chega o dia em que a criança está motivada para escrever, ela pode fazer isso com um mínimo de frustração e ansiedade. Esse princípio de preparação indireta capacita a criança a experimentar sucesso naquilo que empreender muito mais prontamente e auxilia o desenvolvimento da autoconfiança e iniciativa.

Em quarto lugar, os materiais começam como expressões concretas de uma ideia e, gradualmente, tornam-se representações cada vez mais abstratas. Um triângulo sólido de madeira é explorado sensorialmente. Peças separadas de madeira, representando sua base e lados são então introduzidas, e as dimensões do triângulo são descobertas. Mais tarde, triângulos planos de madeira são encaixados em bandejas de quebra-cabeças de madeira, depois em triângulos de papel de cores sólidas, depois em triângulos traçados com uma linha de cor forte e, finalmente, na abstração de triângulos traçados com linhas finas. Em certo estágio da progressão, a criança terá captado a essência abstrata do material concreto e não mais será dependente dele nem mostrará o mesmo interesse.

> Quando os instrumentos [materiais] são construídos com grande precisão, eles provocam um exercício espontâneo tão coordenado e tão harmônico com os fatos de desenvolvimento interno que, em certo ponto, revela-se uma nova imagem psíquica, uma espécie de plano mais elevado no desenvolvimento complexo. A criança se afasta espontaneamente do material, sem nenhum sinal de fadiga, mas sim como se fosse impelida por novas energias, e sua mente é capaz de abstrações.[33]

Quanto maior a absorção de uma criança em uma peça de material, mais provável que esteja fazendo a transição do conhecimento concreto para o conhecimento abstrato. Esse é um processo natural que não deve sofrer interferências. Se, nesse ponto, a professora tentar enfatizar objetos concretos com a criança, ela interromperá o desenvolvimento natural.[34]

Os materiais Montessori são projetados para a autoeducação, e o controle do erro está no próprio material em vez de depender da professora. O controle do erro guia a criança nesse uso dos materiais e permite que ela reconheça seus próprios erros.

> "Controle do erro" é qualquer tipo de indicador que nos mostra se estamos indo na direção de nosso objetivo ou nos afastando dele. [...] Nós devemos fornecê-lo, bem como a instrução e os materiais com que trabalhar. O poder de progredir vem, em grande medida, de ter liberdade e um caminho aberto a percorrer, mas isso também deve ser acompanhado por um modo de saber se e quando saímos do caminho.[35]

Esse diálogo com os materiais põe a criança no controle do processo de aprendizagem. A professora não usurpa esse papel indicando à criança qual foi seu erro. Se a criança não puder ver seu erro a despeito do *design* do material, isso significa que não se desenvolveu suficientemente para fazer isso. Com o tempo, ela conseguirá perceber e corrigirá seus próprios erros.

Um bloco de madeira, no qual a criança coloca cilindros de tamanhos variados nos buracos correspondentes, é um exemplo do controle do erro planejado nos materiais. Se os cilindros não forem colocados nos buracos corretos, vai sobrar um cilindro. Mais uma vez, não é apenas o problema que interessa à criança e auxilia em seu progresso:

> O que interessa à criança é a sensação, não só a colocação dos objetos, mas a aquisição de um novo poder de percepção, que a capacita a reconhecer a diferença de dimensão dos cilindros.[36]

Não é necessário projetar o controle do erro em todos os materiais de um modo tão mecânico como no bloco de cilindros. Conforme o material se torna mais complexo, o controle do erro passa para a própria criança que desenvolveu gradativamente sua capacidade de reconhecer diferenças de dimensão visualmente. O controle do erro também é introduzido em um estágio posterior, ao se fornecer à criança modelos com que comparar seu trabalho. Ela pode encontrar as respostas para um determinado conjunto de problemas matemáticos, por exemplo, em uma tabela ou placa que tenha esse propósito e esteja livremente disponível para ela.

> Entretanto, por mais sutil que o controle do erro possa ser, e apesar do fato de divergir cada vez mais de um mecanismo externo e passar a depender de atividades internas que se desenvolvem gradualmente, ele sempre depende, como todas as qualidades dos objetos, da reação fundamental da criança, que lhe dá atenção prolongada e repete os exercícios.[37]

Existem várias regras básicas no uso dos materiais Montessori. Como eles foram criados com um objetivo sério – o desenvolvimento da criança –, exige-se que as crianças os tratem com respeito. Eles devem ser manuseados com cuidado e só depois de seu uso ser compreendido. Quando a criança realiza um exercício, ela pega todos os materiais necessários e os arruma cuidadosamente em uma mesa ou tapete de maneira organizada. Quando termina, devolve os materiais à prateleira, deixando-os em ordem para a próxima criança.

A criança tem o direito de não ser interrompida enquanto usa os materiais, seja por outras crianças ou pela professora, que deve, por sua vez, estar bem alerta. O elogio ou até mesmo um sorriso podem distraí-las, e há crianças que param e deixam o trabalho de lado com interferência não maior do que essa.

A introdução de novo material para a criança chama-se Lição Fundamental. O propósito dessa lição é não só apresentar uma chave para os materiais e suas possibilidades, mas permitir que a professora descubra mais sobre a criança e seu desenvolvimento interno. A professora usa a lição para observar as reações da criança e experimentar diferentes abordagens com ela. Nesse sentido, "a lição corresponde a um experimento".[38] Escolher o momento certo para apresentar uma lição exige sensibilidade e experiência. A professora momentaneamente tira a iniciativa da criança e dirige seu crescimento.

> Em uma tarefa tão delicada, uma grande arte deve sugerir o momento e limitar a intervenção, a fim de que não causemos nenhuma perturbação, não provoquemos nenhum desvio, mas auxiliemos a alma que está vindo para a plenitude da vida e que deve viver a partir de suas próprias forças.[39]

Tais lições serão dadas quase exclusivamente em base individual. Como duas crianças não podem estar exatamente no mesmo estágio de desenvolvimento ao mesmo tempo, o melhor momento para uma lição específica não será o mesmo. Além do mais,

> como as crianças são livres e não obrigadas a permanecer em seus lugares quietas e prontas para ouvir a professora ou observar o que ela está fazendo [as lições coletivas dificilmente poderão ser bem-sucedidas e não podem ser usadas como a principal fonte de apresentar materiais]. As lições coletivas, de fato, são de importância muito secundária e foram praticamente abolidas por nós.[40]

A Lição Fundamental é definida como

> uma determinada impressão de contato com o mundo externo; ela é clara, científica, com um caráter predeterminado de contato que a distingue da massa de contatos indeterminados que a criança está recebendo continuamente de seu entorno.[41]

Para que esse contato tenha um caráter definido e claro, a professora deve ter um conhecimento detalhado dos materiais e ter determinado com antecedência, por meio de uma prática conscienciosa, o modo exato com que vai apresentar o exercício. A criança responde à precisão dessa apresentação porque ela supre sua necessidade interna.

> A criança precisa não só de algo interessante para fazer, mas também gosta que lhe mostrem exatamente como fazer. A precisão a atrai profundamente, e é isso que a mantém trabalhando. Com base nisso, devemos inferir que sua atração por essas tarefas manipulativas tem um objetivo inconsciente. A criança tem um instinto para coordenar seus movimentos e colocá-los sob controle.[42]

Além da precisão e da apresentação ordenada, as características da Lição Fundamental são: brevidade, simplicidade e objetividade. Usando poucas e simples palavras, a professora pode transmitir mais prontamente a verdade oculta nos materiais.[43]

> A lição deve ser apresentada de tal modo que a personalidade da professora desapareça. Apenas o objeto para o qual deseja chamar a atenção da criança deve permanecer em evidência.[44]

Depois de ter apresentado o material, a professora convida a criança a usar o material da mesma maneira. Durante esse primeiro uso do material pela criança, a professora permanece junto a ela, observando suas ações e tomando cuidado para não interferir em sua liberdade.

> A professora deve observar se a criança se interessa pelo objeto, como se interessa, por quanto tempo etc., notando até mesmo a expressão de seu rosto. E deve tomar muito cuidado para não ofender os princípios de liberdade. Pois, se provocar a criança para fazer um esforço não natural, não saberá mais qual é a atividade espontânea da criança. Se, portanto, a lição rigorosamente preparada em sua brevidade, simplicidade e verdade não for entendida pela criança, não for aceita por ela como uma explicação do objeto, a professora deve atentar a duas coisas: primeiro, não insistir repetindo a lição; e segundo, não fazer a criança sentir que cometeu um erro ou que não é compreendida porque, ao fazer isso, irá levá-la a fazer um esforço para entender e, portanto, alterará o estado natural que deve ser usado em sua observação psicológica.[45]

Se a criança mostrar, por suas respostas, que a professora julgou erroneamente o momento de apresentação, a professora sugere que ela deixe o material de lado e o use de novo em outro dia. Se a criança mostrar que estava pronta para a apresentação, a professora pode reforçar a experiência sutilmente com um sorriso ou um simples "está bom" e deixar que a criança use o material pelo tempo que desejar.

Saber como usar o material é só o início de sua utilidade para a criança. É na repetição de seu uso que ocorre o crescimento real – o desenvolvimento de sua natureza psíquica. Essa repetição só ocorre se a criança entende a ideia que o exercício representa e se essa ideia corresponde a uma necessidade interna.

> Uma compreensão mental da ideia [do material] é indispensável no início da repetição. O exercício que desenvolve vida consiste na repetição, não só na compreensão da ideia. [...] Esse fenômeno nem sempre acontece. [...] Na verdade, a repetição corresponde a uma necessidade. [...] É necessário oferecer aqueles exercícios que correspondam à necessidade de desenvolvimento sentida por um organismo.[46]

Assim, a professora vai observar a repetição de um exercício. Quando esse fenômeno acontece, ela sabe que ajudou a alinhar as necessidades internas da criança com os apoios ambientais para o desenvolvimento e que pode deixar a criança dirigir sua própria aprendizagem.

Depois de um período de uso repetitivo de um exercício em sua forma originalmente entendida, surge outro fenômeno: a criança começará a criar novas maneiras de usar o material, muitas vezes combinando diversos exercícios diferentes que estejam inter-relacionados ou comparando o material a objetos relacionados ao seu ambiente. É o desenvolvimento interno da criança, combinado com as possibilidades criativas ocultas no *design* dos materiais, que torna possível esse impulso de atividade criativa. Como a criança não sabe que muitas de suas descobertas com os materiais foram feitas por outras pessoas antes, elas lhe pertencem de uma forma muito especial e lhe possibilitam experimentar a emoção de descobrir o desconhecido por si mesma.

Como originalmente as crianças veem um modo de usar os materiais para que com eles possam desenvolver algum conhecimento e habilidade, muitas pessoas não percebem o potencial desses materiais para o desenvolvimento da criatividade na criança. Elas veem as crianças passando por ações rígidas e mecânicas com o material – repetições contínuas do que lhes foi mostrado e nunca passando a uma nova atividade. John Dewey via o método montessoriano desse modo, afirmando que Montessori havia incluído a liberdade física na sala de aula, mas não a liberdade intelectual:

> Mas não se permite liberdade à criança para criar. Ela é livre para escolher qual material usar, mas nunca para escolher seus próprios objetivos, nunca para dobrar um material conforme seus próprios planos. Pois o material está limitado a um número fixo de coisas que devem ser manuseadas de um certo modo.[47]

Um motivo para educadores e pais adotarem essa visão limitada dos materiais Montessori é que não estão acostumados a ver crianças muito novas trabalhando livremente com materiais verdadeiramente criativos. A maioria dos brinquedos e materiais dados às crianças tem um escopo, *design* e propósito tão delimitados que ela não chega a lugar nenhum com eles. Ela tem de tentar transformá-los em outra coisa, porque o que está ali é totalmente insatisfatório. Ela não precisa de apresentação a esses materiais, porque não há basicamente nada para apresentar, nada esperando para ser descoberto. Em sua busca de algo de valor nesses objetos, a criança os desmonta e, por causa de sua construção frágil, acaba por destruí-los involuntariamente. Os materiais Montessori, pelo contrário, são cuidadosamente projetados e construídos com propósitos definidos. Seu impacto contínuo e o interesse para as crianças por um período de mais de 50 anos são testemunhos suficientes de suas possibilidades criativas.

Obviamente, é possível que a professora se aproprie do direito da criança de fazer suas próprias descobertas com os materiais Montessori, mostrando-lhe mais do que a ideia básica e, assim, roubando-lhe a alegria da criatividade que deveria lhe pertencer. As salas de aula em que isso ocorre repetidamente são facilmente reconhecíveis por sua atmosfera mecânica. Os movimentos da vida podem ser vistos, mas não a própria vida. Uma professora montessoriana descreve essas salas de aula como "horizontais". É o uso equivocado dos materiais por parte de alguns desses profissionais que é responsável por essa ocorrência, não o método ou os materiais em si mesmos, pois são planejados especificamente para incentivar a criatividade.

Depois que a professora estiver convencida de que um conceito foi gravado na mente da criança por meio do uso dos materiais, deve apresentar a nomenclatura exata que corresponde ao novo conceito. Isso é feito por meio de um método desenvolvido por Séguin chamado de "A lição de três tempos". No primeiro passo, a professora simplesmente associa o nome de um objeto à ideia abstrata que o nome representa, por exemplo, com os conceitos de áspero e macio. Deve-se tomar cuidado para não confundir a criança apresentando palavras ou explicações irrelevantes.[48] No segundo passo, a professora testa para ver se o nome ainda está associado com o objeto na mente da criança. Pergunta-se à criança: "Qual é o vermelho? Qual é o azul?" ou "Qual é comprido? Qual é curto?". Se a criança não acertar a associação, a professora não a corrige.

> Na verdade, por que corrigir? Se a criança não acertou a associação do nome com o objeto, a única maneira de acertar seria repetir tanto a ação do estímulo dos sentidos quanto o nome, em outras palavras, repetir a lição. Mas quando a criança fracassa, nós devemos saber que ela ainda não está pronta para a associação psíquica que desejamos provocar e, portanto, devemos escolher um outro momento.[49]

Se a criança conseguiu estabelecer a associação desejada, a professora passa para o terceiro passo, pedindo à criança que pronuncie o vocabulário apropriado.

Depois que o vocabulário foi estabelecido, a criança é capaz de comunicar uma generalização das ideias. Ela encontra em seu ambiente objetos que correspondem a esse novo conhecimento: "O céu é azul" ou "A flor tem um cheiro doce".

> Ao lidar com crianças não deficientes, devemos esperar essa investigação espontânea do ambiente. [...] Nesses casos, as crianças experimentam alegria a cada nova descoberta; elas estão conscientes de um senso de dignidade e satisfação que as incentiva a buscar novas sensações em seu ambiente e as transforma em observadoras espontâneas.[50]

Os materiais Montessori são divididos em quatro categorias: os exercícios de vida prática que envolvem o cuidado físico da pessoa e do ambiente, os materiais sensoriais, os materiais acadêmicos e os materiais culturais e artísticos.

Geralmente, a criança é apresentada primeiro a alguns exercícios de vida prática. Isso porque eles envolvem tarefas simples e precisas que a criança pequena já observou os adultos realizarem no ambiente doméstico e, portanto, deseja imitar. Essa imitação desejada tem natureza intelectual porque se baseia na observação anterior e no conhecimento da criança. Como esses exercícios devem ter sua base no ambiente imediato e na cultura da criança, não pode haver uma lista recomendada dos materiais envolvidos. O professor individual deve montar seus próprios exercícios, usando materiais baseados nos princípios de Montessori de beleza e simplicidade, isolamento da dificuldade, sequência do simples para o complexo e preparação indireta. Embora os exercícios sejam orientados para a habilidade no sentido de que envolvem limpar uma mesa ou engraxar sapatos, o seu objetivo não é dominar essas tarefas por si só. O objetivo é auxiliar a construção interna de disciplina, organização, independência e autoestima por meio da concentração em um ciclo de atividade preciso e completo.

> Os exercícios da vida prática são atividades formativas. Eles envolvem inspiração, repetição e concentração em detalhes precisos. Levam em conta os impulsos naturais de períodos especiais da infância. Embora no momento os exercícios não tenham metas meramente práticas, eles são um trabalho de adaptação ao ambiente. Essa adaptação ao ambiente e o funcionamento eficiente nele constituem a própria essência de uma educação útil.[51]

Depois que a disciplina interior, a confiança e um conceito de um ciclo de atividade completo são iniciados pela experiência de vida prática, a criança está pronta para ser apresentada aos materiais sensoriais. O objetivo desses materiais é obter a educação e o refinamento dos sentidos: visual, tátil, auditivo, olfativo, gustativo, térmico, bárico, estereognóstico e cromático. Essa educação não é realizada para que os sentidos funcionem melhor; ela ocorre para auxiliar a criança no desenvolvimento de sua inteligência, que depende da organização e da categorização de suas percepções dos sentidos em uma ordem mental interna. De novo, "é exatamente na repetição dos exercícios que consiste a educação dos sentidos".[52]

Os materiais acadêmicos são usados para ensinar inicialmente linguagem, escrita e leitura, matemática, geografia e ciências; são uma progressão natural do aparato sensorial. Eles se fundamentam no conhecimento e na construção interiores que a criança obtive por meio de suas manipulações anteriores no nível sensorial concreto e a guiam para os domínios mais abstratos. A meta básica dos materiais acadêmicos é também interior. Não se trata de armazenar uma quantidade de conhecimento na criança, mas satisfazer seu desejo inato de aprendizagem e o desenvolvimento de seus poderes naturais.

Os materiais culturais e artísticos lidam com a autoexpressão e a comunicação de ideias. Como no caso das experiências de vida prática, muitos desses materiais estão necessariamente vinculados ao ambiente e à cultura da criança e, portanto, serão em grande medida determinados pela professora. No entanto, Montessori planejou alguns princípios e equipamentos que são aplicáveis universalmente. Ela sentiu que o primeiro passo na música é despertar o amor e a apreciação da criança e, portanto, ela deve ser rodeada por boa música em seu ambiente. Exercícios de ritmo e métrica podem então ser desenvolvidos. Atividades como "andar na linha" preparam os órgãos motores para os exercícios rítmicos. Nesse exercício de Montessori, as crianças usam uma linha desenhada no chão como um guia enquanto se movem muito lentamente, marcham ou correm no ritmo da música. Isso desenvolve o senso interno de equilíbrio e o controle de movimentos das mãos e dos pés, que são necessários para a dança e também são uma preparação para a música. Uma única frase musical é repetida várias vezes, ou frases contrastantes são tocadas, ajudando a criança a desenvolver sua sensibilidade para a música e sua capacidade para interpretar ritmos diferentes por meio do movimento.

O próximo passo é o estudo da harmonia e da melodia. Para isso, a criança começa com instrumentos muito simples e primitivos, adequados a seu tamanho e potencialidades. Ela recebe lições breves de como usar os instrumentos e, então, pode usá-los livremente. A escrita e a leitura da música vêm a seguir. O reconhecimento dos sons musicais foi ensinado anteriormente com um exercício sensorial com sinos musicais que formam pares e são arrumados de acordo com o tom. Discos de madeira com forma de notas, com dó, ré, mi etc., impressos neles são colocados em frente de cada sino, de acordo com seu som. Desse modo, mesmo crianças muito pequenas percebem que as notas são os símbolos dos sons. Montessori criou várias pranchas de madeira com escalas com os discos de notas móveis, de modo que as crianças pudessem aprender por si mesmas as notas na escala além do pentagrama e das chaves de sol e de fá. Nesse ponto, as crianças podem compor e ler melodias, usando os discos de notas e reproduzindo-as nos sinos. Crianças mais velhas desenvolvem o uso de cadernos musicais semelhantes aos usados para a escrita.

Montessori não dava lições formais de desenho ou modelagem. Em vez disso, concentrava-se em estabelecer uma base dentro da criança para que ela pudesse ter sucesso por sua própria iniciativa. A base para arte e desenho é a mesma que para a escrita: exercícios que desenvolvem os músculos dos dedos e das mãos para segurar canetas e fazer movimentos controlados. Além disso, o desenvolvimento dos sentidos por meio dos exercícios sensoriais ajuda a consciência da criança e a apreciação artística de seu ambiente.

> Não ensinamos desenho pelo desenho, mas damos a oportunidade para preparar os instrumentos da expressão. Eu considero que essa é uma ajuda real para o desenho livre que, não sendo assustador e incompreensível, incentiva a criança a continuar.[53]

A compreensão que a criança tem de contorno e cor também se desenvolve por meio de exercícios especiais, e ela aprende como misturar as tintas antes de a pintura ser introduzida.

Também não existem lições formais de escultura além de uma introdução aos materiais. A criança é deixada a trabalhar em um projeto livre. Em algumas das primeiras escolas Montessori, um torno de cerâmica era usado pelas crianças, e tijolos minúsculos eram cozidos em uma fornalha e usados para construir muros e prédios, estimulando um início de interesse em arquitetura.[54]

A abordagem de Montessori para com as artes é um bom exemplo de sua abordagem indireta à aprendizagem, que leva a mais criatividade. A base é colocada, e a criança é então deixada livre para fazer sua própria exploração. Ninguém tenta "ensiná-la" a partir de seu próprio trabalho terminado, pois a interferência de um trabalho pronto sempre apresenta um obstáculo ao desenvolvimento da criança.

O sexto componente do método Montessori é o desenvolvimento da vida em comunidade. A criação espontânea de uma comunidade de crianças é um dos resultados mais admiráveis da abordagem montessoriana. Esse desenvolvimento é auxiliado por vários elementos-chave no método Montessori. Um deles é o senso de propriedade e responsabilidade que as crianças desenvolvem em relação ao ambiente da sala de aula, em grande medida porque a sala de aula é de fato delas e apenas delas. Tudo nela é voltado para as necessidades infantis físicas, intelectuais e emocionais. A própria professora não tem posses ali, nem mesmo uma mesa ou cadeira com dimensões adultas. As crianças são a fonte principal da manutenção da ordem diária e do cuidado da sala de aula. São elas que devolvem os materiais às prateleiras, que lustram as mesas e cuidam das plantas e dos animais.

O segundo elemento no desenvolvimento de uma vida comunitária é a responsabilidade que as crianças começam a sentir umas pelas outras. Como as crianças trabalham de modo independente na maior parte do tempo, em especial nos primeiros anos, muitas pessoas não entendem como essa preocupação social é desenvolvida nas salas de aula montessorianas. Muitos perguntaram a Montessori: "E como o sentimento social vai se desenvolver se cada criança trabalha de forma independente?",[55] mas Montessori ficou pensando como essas mesmas pessoas podiam imaginar que o ambiente da escola tradicional, que regulamenta as ações das crianças e as impede de ajudarem umas às outras no trabalho e até mesmo de se comunicar livremente com as outras, poderia ser considerado propício à preocupação social.

> Devemos, portanto, concluir que o sistema de regulamentação em que as crianças fazem tudo no mesmo momento, até mesmo ir ao banheiro, supostamente desenvolve o sentimento social. A sociedade da criança é, portanto, a antítese da sociedade adulta, em que a sociabilidade implica uma troca livre e bem-educada de cortesias e ajuda mútua, embora cada indivíduo cuide de suas próprias tarefas.[56]

Em vez disso, Montessori deu às crianças a liberdade em suas relações sociais, limitando suas ações apenas quando interferiam com os direitos dos outros. Por meio dessa liberdade, o interesse natural da criança pelos outros e o desejo de ajudá-los cresce espontaneamente. Montessori descobriu que a preocupação e a empatia pelos outros ficavam particularmente aparentes nas reações das crianças umas às outras quando alguém perturbava a classe. Em vez de repreender a criança que se comportava mal, elas tipicamente reagiam com pena e "consideravam o mau comportamento um erro, tentavam reconfortá-la dizendo que elas eram ruins como ela de vez em quando".[57] Mais uma vez, quando uma criança quebrava alguma coisa, as outras rapidamente a ajudavam a limpar e mostravam o mesmo instinto para reconfortar.

O terceiro elemento que auxilia o desenvolvimento da vida comunitária é a inclusão de crianças de idades diferentes em cada sala. A sala de aula dos mais novos, por exemplo, consiste tipicamente em 20 ou 25 crianças das quais um terço tem 3 anos, um terço tem 4 anos, e um terço tem 5 anos. No final do ano, o terço mais velho passa para o grupo de 6 a 9 anos, enquanto outro grupo de 3 anos entra na classe de 3 a 6 anos. Isso significa que cada criança passa aproximadamente 3 anos em cada sala, com um terço de colegas novos a cada ano. Essa ênfase na mistura de idades baseia-se em grande medida na ajuda que as crianças mais velhas costumam dar espontaneamente às mais novas, bem como à inspiração e ao exemplo que elas oferecem.

> Existem uma comunicação e uma harmonia entre as duas que raramente se encontra entre um adulto e uma criança pequena. [...] É difícil acreditar o quanto essa atmosfera de proteção e admiração se torna profunda na prática.[58]

A criança mais velha é mais sensível à natureza e ao grau de ajuda de que a criança pequena necessita.

> Elas não ajudam umas às outras como nós fazemos. [...] Elas respeitam os esforços umas das outras e só ajudam quando necessário. Isso é muito esclarecedor porque significa que respeitam intuitivamente a necessidade essencial da infância, que é não ser ajudado sem necessidade.[59]

Embora as crianças mais velhas tenham permissão para ensinar as mais novas em uma sala de aula montessoriana, deve-se notar que a liberdade delas não é infringida e seu progresso não é retardado quando fazem isso.

> Algumas vezes, as pessoas temem que, se uma criança de 5 anos ensinar outra, isso vá impedir seu próprio progresso. Mas, em primeiro lugar, ela não

ensina o tempo todo e sua liberdade é respeitada. Em segundo lugar, ensinar outra criança a ajuda a entender aquilo que sabe ainda melhor do que antes. Ela tem de analisar e rearranjar seu pequeno depósito de conhecimento antes de poder passá-lo adiante. Assim, seu sacrifício não deixará de ser recompensado."[60]

Montessori não apenas misturou crianças de idades diferentes em cada sala; idealmente, as próprias salas não são separadas por paredes sólidas, mas por "divisórias na altura da cintura, sempre há um acesso fácil de uma sala de aula para a próxima, [...] e a criança sempre pode fazer uma caminhada intelectual".[61] Assim, as crianças menores são inspiradas pela exposição às possibilidades de seu futuro, e as crianças mais velhas podem se refugiar temporariamente em um ambiente mais simples e menos desafiador quando tiverem essa necessidade.

Embora Montessori não enfatize a atenção coletiva de um grupo de crianças ao mesmo tempo, ela sentia que a educação coletiva tinha seu lugar como uma preparação para a vida. "Porque também na vida, algumas vezes acontece de termos todos de ficar sentados e quietos, por exemplo, quando vamos a um concerto ou a uma palestra. E sabemos que mesmo para nós, adultos, isso representa um sacrifício que não é pequeno."[62] Portanto, depois de a disciplina individual ter sido estabelecida, ela ajudava as crianças a alcançarem uma ordem coletiva e fazia isso principalmente levando-as a terem consciência da ordem do grupo quando esta era atingida, em vez de obrigá-las a permanecer em ordem e atentas enquanto recebiam instruções. "Fazê-las compreender a ideia, sem chamar a atenção delas à força para a prática, fazê-las assimilar um princípio de ordem coletiva – isso é o mais importante."[63] Uma técnica que Montessori criou para reforçar esse princípio da ordem coletiva é o "jogo do silêncio". Ela começava o jogo chamando a atenção das crianças para como podia ficar silenciosa e imóvel e as convidava a imitar esse silêncio absoluto.

> Elas me observam surpresas quando fico em pé no meio da sala, tão quieta que é realmente como se "eu não estivesse ali". Depois, elas se esforçam por me imitar e se saem ainda melhor. Chamo a atenção aqui e ali para um pé que se mexe, quase inadvertidamente. A atenção da criança é chamada para cada parte de seu corpo em uma prontidão ansiosa para alcançar a imobilidade.[64]

Algumas vezes, instruções sussurradas são dadas a uma criança específica para que realize alguns atos o mais silenciosamente possível. O prazer que as crianças mostram nesse jogo do silêncio é intrigante. Elas parecem gostar do sentimento de uma conquista em comum na qual cada criança tem um papel importante; além disso, "as crianças, depois de fazerem o esforço necessário para manter o silêncio, desfrutam a sensação, sentem prazer com o próprio silêncio".[65]

A professora de uma sala Montessori, que é responsável por esses seis componentes do ambiente preparado para a criança, talvez nem deva ser chamada dessa forma. Montessori a chamava de "diretora". Contudo, essa tradução do italiano ainda não transmite o papel que a professora montessoriana tem na vida da criança, pois a abordagem é, na verdade, indireta e não direta. É similar ao que ocorre na terapia, na qual o objetivo não é impor a vontade de uma pessoa sobre a outra, mas liberar o próprio potencial do indivíduo para o autodesenvolvimento construtivo. Ao discutir o papel da professora montessoriana, seria útil ter em mente essa distinção entre a professora no sentido tradicional e a professora na abordagem de Montessori.

Deve-se também ter em mente que, embora aqui se refira à professora no gênero feminino – até por uma questão de padronização do texto –, os professores, até mesmo para as crianças de 3 anos, são uma parte importante da tradição Montessori e uma parte integral do sucesso de qualquer sala de aula. De fato, uma das vantagens da abordagem de ensino em equipe de Montessori é a possibilidade que apresenta de ter ambos, professor e professora, na sala de aula.

Já foi mencionado que a professora deve ser uma pessoa em desenvolvimento, alguém que esteja envolvido em sempre realizar seu próprio potencial. A fim de se envolver nesse processo de "tornar-se", o indivíduo precisa ter um conhecimento realista de si mesmo e ser capaz de refletir objetivamente sobre as próprias capacidades e comportamento. Esse desenvolvimento do autoconhecimento é um primeiro passo essencial na direção de se tornar uma professora Montessori bem-sucedida.

> A preparação real para a educação é o estudo de si mesmo. O treinamento da professora que vai auxiliar a vida é algo muito maior do que a aprendizagem de ideias. Isso inclui o treinamento do caráter; é a preparação do espírito.[66]

Essa preparação interior requer orientação do exterior. "Para que se descubram os defeitos que se transformaram em parte integrante da consciência [da professora], é necessário que haja ajuda e instrução."[67]

Montessori sentia que o adulto, ao se examinar dessa maneira, começaria a entender aquilo que separa o adulto da criança.

> O adulto não entende a criança nem o adolescente e, portanto, fica em luta constante com eles. O remédio não é o adulto aprender algo intelectualmente nem completar uma cultura deficiente. Ele deve encontrar um ponto de partida diferente. O adulto deve encontrar em si mesmo o erro até então desconhecido que o impede de ver a criança como ela é.[68]

Montessori acreditava que esse erro era a suposição do adulto de que a criança era um vaso vazio, esperando para ser preenchido com nosso conhecimento e experiência, em vez de um ser que deve desenvolver seu próprio potencial para a vida.

> O adulto tornou-se egocêntrico em relação à criança; não egoísta, mas egocêntrico. Assim, ele considera tudo do ponto de partida de sua referência de si mesmo e, dessa maneira, deixa de compreender a criança. É esse ponto de vista que leva a considerar a criança um ser vazio que o adulto deve preencher com seus próprios esforços, como um ser inerte e incapaz para quem tudo deve ser feito, como um ser sem um guia interior, a quem o adulto deve guiar passo a passo a partir do exterior. Finalmente, o adulto age como se fosse o criador da criança e considera "bom" e "mau" nas ações dela de acordo com um ponto de referência relacionado a si mesmo. [...] Ao adotar essa atitude, que inconscientemente anula a personalidade da criança, o adulto sente uma convicção de zelo, amor e sacrifício.[69]

Os adultos devem tentar diminuir sua atitude egocêntrica e autoritária para com a criança e adotar uma atitude passiva a fim de auxiliar o seu desenvolvimento. Eles devem se aproximar das crianças com humildade, reconhecendo seu papel como secundário.

> O adulto deve reconhecer que precisa assumir o segundo lugar, esforçar-se ao máximo para compreender a criança e para apoiá-la e ajudá-la no desen-

volvimento de sua vida. Essa deve ser a meta da mãe e da professora. Para que a personalidade da criança tenha auxílio para se desenvolver, como a criança é o lado mais fraco, o adulto, com sua personalidade mais forte, precisa se controlar e, deixando a liderança à criança, sentir-se orgulhoso por poder entendê-la e segui-la.[70]

Para entender e seguir a criança, a professora montessoriana deve desenvolver o desejo e a capacidade de observá-la.[71]

> A professora deve trazer não só a capacidade, mas o desejo de observar os fenômenos naturais. Em nosso sistema, ela deve se tornar uma influência passiva, muito mais do que ativa, e sua passividade deve ser composta por curiosidade científica ansiosa e respeito absoluto pelo fenômeno que deseja observar. A professora deve entender e sentir sua posição de observadora: a atividade deve se situar no fenômeno.[72]

A capacidade de ter em tão alta estima a observação da vida não vem prontamente ao adulto.

> Essa ideia de que a vida age por si mesma e que, para estudá-la, para adivinhar seus segredos ou dirigir sua atividade, é necessário observá-la e entendê-la sem intervenção – essa ideia, eu digo, é muito difícil de ser assimilada e posta em prática.[73]

A fim de fazer isso, "um hábito [...] deve ser desenvolvido pela prática. [...] Para observar, é necessário ser 'treinado'".[74] No entanto, esse treinamento para a observação científica não é uma questão basicamente de habilidade mecânica.

> Acredito que o que devemos cultivar em nossas professoras é mais o espírito do que a habilidade mecânica do cientista; isto é, a direção da preparação sempre deve ser para o espírito, não para o mecanismo.[75]

Esse espírito tem três aspectos. Um é o interesse pela humanidade. "O interesse pela humanidade que queremos cultivar no professor deve se caracterizar pela relação íntima entre o observador e o indivíduo a ser observado."[76] Além disso, é uma capacidade de ver as crianças como indivíduos, cada uma única e diferente de todas as outras.

> Agora, a vida da criança não é uma abstração; é a vida das crianças individuais. Existe apenas uma manifestação biológica real: o indivíduo vivo; e a educação deve se dirigir aos indivíduos únicos, observados um a um.[77]

Finalmente, a base é a fé de que a criança pode e vai se revelar e que, por meio dessa revelação, a professora vai descobrir qual deve ser seu papel. "Com a própria criança, ela [a professora] vai aprender de que forma se aperfeiçoar como educadora."[78]

Não é o crescimento externo nem as atividades que devem ser observados pela professora, mas a coordenação interna que é manifestada por eles.

> O ponto importante não é que o embrião cresce, mas que ele coordena. O "crescimento" ocorre e segue uma ordem, que também torna a vida possível. Um embrião que cresce sem coordenar seus órgãos internos não é vital. Aqui temos não só o impulso, mas o mistério da vida. A evolução da ordem interna é a condição essencial para a realização da existência vital em uma vida que tem o impulso de existir. Agora, o conjunto dos fenômenos indicados no "guia para a observação psicológica" realmente representa a evolução da ordem espiritual na criança.[79]

Montessori então indica o seguinte no "guia para a observação psicológica" da criança em três áreas-chave: seu trabalho, seu comportamento e o desenvolvimento de sua vontade e autodisciplina para incluir a obediência voluntária.

> TRABALHO Observe quando uma criança começa a se ocupar por qualquer tempo com uma tarefa.
>
> Qual é a tarefa e como continua trabalhando nela (lentidão ao completar e repetição do mesmo exercício).
>
> Suas peculiaridades individuais ao se aplicar a tarefas específicas.
>
> A quais tarefas se aplica durante o mesmo dia e com quanta perseverança.
>
> Se ela tem períodos de aplicação espontânea e por quantos dias esses períodos continuam.

Como manifesta o desejo para progredir.

Quais tarefas escolhe em sua sequência, trabalhando nelas com constância.

Persistência em uma tarefa apesar dos estímulos do ambiente que tenderiam a distrair sua atenção.

Se, depois de uma interrupção deliberada, ela retoma a tarefa da qual sua atenção foi distraída.

COMPORTAMENTO Observe o estado de ordem ou desordem nos atos da criança.

Suas ações desordenadas.

Observe se ocorrem mudanças de comportamento durante o desenvolvimento dos fenômenos do trabalho.

Observe se durante o estabelecimento de ações ordenadas existem: crises de alegria; intervalos de serenidade; manifestações de afeição.

A parte que a criança assume no desenvolvimento de seus companheiros.

OBEDIÊNCIA Observe se a criança responde quando seu nome é chamado.

Observe se e quando a criança começa a participar no trabalho dos outros com um esforço inteligente.

Observe quando a obediência aos chamados se torna habitual.

Observe quando a obediência a ordens se torna estabelecida.

Observe quando a criança obedece com animação e alegria.

Observe a relação dos vários fenômenos de obediência em seus graus

(a) ao desenvolvimento do trabalho;

(b) às mudanças de comportamento.[80]

Além de seu papel como observador, o professor funciona como o preparador e o comunicador do ambiente para a criança. O planejamento do ambiente e o cuidado com ele requerem a maior parte do tempo e energia do professor Montessori, refletindo o papel dominante que se dá ao ambiente no processo educativo.

> O primeiro dever da professora é estar atenta ao ambiente, e isso tem precedência sobre todo o resto. Sua influência é indireta, mas, a menos que isso seja feito, não haverá resultados efetivos e permanentes de nenhum tipo: físicos, intelectuais nem espirituais.[81]

Ela é responsável pela atmosfera e ordem na sala de aula, a arrumação e a condição dos materiais e a programação das atividades, desafios e mudanças de ritmo para suprir as necessidades de cada criança. Uma ênfase particular é dada em manter os materiais em excelente ordem: "Todo o equipamento deve ser mantido meticulosamente em ordem, bonito e brilhando, em perfeitas condições. Nada pode estar faltando, de modo que para a criança o material sempre pareça novo, completo e pronto para uso."[82]

A professora Montessori também serve como um exemplo no ambiente, inspirando assim o próprio desenvolvimento da criança. Essa é uma razão importante para que busque a flexibilidade, a cordialidade e o amor à vida, além da compreensão e do respeito pelo "eu". Ela deve ser tão fisicamente atraente quanto possível, pois dessa forma atrai a atenção e o respeito das crianças.

> A professora também deve ser atraente, arrumada e limpa, calma e digna, [pois sua] aparência é o primeiro passo para conquistar a confiança e o respeito da criança. [...] Então, o cuidado consigo mesma deve fazer parte do ambiente em que a criança vive; a professora é a parte mais vital do mundo infantil.[83]

Entretanto, a ideia de servir como um modelo para crianças não deve ser interpretada como uma exigência de perfeição. É importante perceber que Montessori não tinha essa expectativa em relação às professoras. Ao contrário, ela as aconselhava a serem realistas sobre suas falhas, sabendo que, ao fazer isso, ajudariam as crianças a desenvolver uma atitude saudável diante de seus próprios erros.

> Fica aparente que todo mundo comete erros. Essa é uma das realidades da vida, e admiti-la já é ter dado um grande passo. Para seguir o caminho estreito da verdade e manter nossa base na realidade, temos de concordar que todos nós erramos; de outro modo, seríamos todos perfeitos. Assim, é bom cultivar um sentimento amigável em relação ao erro, tratá-lo como um companheiro inseparável de nossas vidas, como algo que tem um propósito, como realmente tem.[84]

E, de novo,

os erros cometidos pelos adultos têm um certo interesse, e as crianças sentem empatia por eles, mas de um modo completamente desapegado. Isso se torna para elas um dos aspectos naturais da vida, e o fato de que todos cometemos erros provoca um profundo sentimento de afeição no coração das crianças; essa é mais uma razão para a união entre mãe e filho. Os erros nos aproximam e nos tornam amigos melhores. A fraternidade nasce mais facilmente no caminho do erro do que no da perfeição.[85]

A professora também é o elo que põe a criança em contato com o ambiente. A criança é totalmente dependente dessa ajuda da professora: "A única esperança da criança é depositada em sua intérprete."[86] Em especial, ela não pode aproveitar plenamente o material de aprendizagem no ambiente sem a inspiração e a orientação da professora.

Senti isso intuitivamente e acreditei que não era o material didático, mas a minha voz, que chamava as crianças, as despertava e as incentivava a usar o material didático e, por meio dele, a educar a si mesmas. [...] Sem essa inspiração [incentivo, conforto, amor e respeito], o mais perfeito estímulo externo pode passar despercebido.[87]

O papel de comunicador é delicado, e a professora deve tomar o cuidado para não exagerar em sua parte.

Existe um período da vida extraordinariamente aberto à sugestão – o período da infância quando a consciência está em processo de formação e a sensibilidade em relação aos fatores externos está em um estado criativo. [...] Observamos em nossas escolas que, ao mostrar a uma criança como fazer uma coisa, nós o fazemos com entusiasmo demais, ou realizamos os movimentos com energia demais ou precisão excessiva; assim, nós abafamos a capacidade de julgamento da criança e sua capacidade de agir segundo sua própria personalidade.[88]

As professoras Montessori funcionam como uma equipe, com duas professoras por sala, em geral uma experiente e uma assistente. Essa abordagem em equipe oferece à criança uma opção quanto ao adulto com que prefere se relacionar em qualquer dado momento, mas o mais importante é que as professoras não operam em um vácuo, sem o benefício do *feedback* de um outro adulto. No final de cada dia, elas discutem o progresso de cada criança e trocam ideias e observações.

A professora Montessori deve dedicar uma boa parte de seu tempo às relações de família e comunidade. Montessori via a criança como um membro de uma família – e não como um indivíduo isolado – e alguém cujas experiências de vida mais formativas acontecem fora da sala de aula. Ela não tinha ilusões de que, sem uma comunicação próxima e cooperação com os pais, as horas escolares, mesmo que durassem o dia inteiro, pudessem ter um efeito transformador para a criança. As regras postadas nas paredes da primeira Casa dei Bambini demonstram claramente como Montessori levava a sério essa questão. "As mães devem enviar seus filhos à 'Casa dei Bambini' limpos e devem cooperar com a diretora no trabalho educacional."[89] Se os pais não cooperassem, seu filho voltava para casa.

> Se a criança demonstra, por sua conversa, que o trabalho educacional da escola está sendo prejudicado pela atitude assumida na casa, ela será enviada de volta aos pais para que estes aprendam então como aproveitar as boas oportunidades. [...] Em outras palavras, os pais devem aprender a merecer o benefício de ter em casa a grande vantagem de uma escola para seus pequeninos.[90]

Cada mãe deveria

> ir ao menos uma vez por semana falar com a diretora, dando informações sobre seu filho e aceitando qualquer conselho útil que a diretora pudesse lhe dar. A diretora está sempre à disposição das mães, e sua vida, como uma pessoa culta e educada, é um exemplo constante para os habitantes da casa, pois ela é obrigada a morar no local e, portanto, a ser uma coabitante com as famílias de todos os seus alunos. Esse é um fato de imensa importância.[91]

O contato próximo e o fato de que pagavam parte das despesas ajudavam os pais a se sentirem como proprietários da escola. A sala de aula era uma "propriedade da coletividade, [...] mantida por uma parte do aluguel que pagam". As mães tinham permissão para "entrar a qualquer hora do dia, para admirar ou para meditar sobre a vida ali".[92] Estabelecendo assim um relacionamento aberto com o ambiente doméstico, Montessori esperava influenciar o suporte social das gerações futuras.

> O homem é [...] um produto social, e o ambiente social dos indivíduos no processo de educação é o lar. A pedagogia científica buscará em vão melhorar a próxima geração se não conseguir influenciar também o ambiente em que essa geração cresce! Acredito [...] que resolvemos o problema de poder modificar diretamente o ambiente da nova geração.[93]

Além de manter um contato tão próximo quanto possível com os pais das crianças e a vida da família, a professora Montessori tem um papel importante a desempenhar como uma intérprete das metas montessorianas para a comunidade em geral. Existe uma grande demanda de mais informações sobre a educação Montessori por parte dos pais e dos professores, e as professoras montessorianas devem ser capazes e estar dispostas a satisfazer os pedidos de palestras, demonstrações e visitas. Elas fazem isso como uma parte de seu compromisso com a criança e com sua educação, um compromisso que se estende além das salas de aula.

Como é uma sala de aula baseada na liberdade e na estrutura de um ambiente Montessori, no qual as professoras seguem a abordagem indireta do método Montessori? É um lugar vivo, cheio de crianças em busca de si mesmas e de seu mundo. Há uma sensação de envolvimento total conforme as crianças exploram e descobrem, às vezes com os materiais nos tapetes no chão ou sobre as mesas; algumas vezes sozinhas, outras vezes juntas. Há muito movimento, socialização espontânea e interação casual entre as crianças e entre as crianças e a professora. É difícil encontrar a professora. Não há mesa da professora, nem mais nada na sala que a coloque no papel de "chefe" como em muitas salas de aula tradicionais. Ela provavelmente estará em um tapete no chão ou em uma mesa de tamanho infantil, dando atenção plena a uma criança por vez. Uma observação cuidadosa mostrará que está constantemente se movendo, de um modo tranquilo, enquanto vai de uma criança para outra e busca estar alerta às necessidades e às ações de todas.

Não existe nenhum programa formal que divida o dia em partes; existe só a obrigação de começar e terminar o dia no horário determinado ou, se a sala de aula estiver alojada em uma escola maior, de cumprir as exigências desse ambiente mais amplo. Na verdade, a observação cuidadosa mostrará que as crianças criam um tipo de programação flexível, variando a escolha e o ritmo de suas atividades. Ao contrário do pensamento tradicional, elas não escolhem o trabalho mais difícil assim que chegam e são consideradas "com a mente mais fresca". Em vez disso, escolhem consistentemente os trabalhos fáceis primeiro e, gradualmente, trabalham para chegar aos projetos mais desafiadores – "o grande trabalho" do dia, como Montessori chamava – mais adiante na manhã.

No entanto, é preciso que haja tempo e uma preparação cuidadosa para que uma sala de aula inicial montessoriana atinja o funcionamento ótimo da sala de aula descrita, e pais e professores ficarão desanimados se esperarem que uma sala de aula com 20 ou 30 crianças já surja pronta de imediato. O tempo e a experiência são necessários antes que as crianças possam desenvolver a disciplina interior necessária para usar de modo efetivo a liberdade de uma sala de aula Montessori. Em uma sala de aula já em funcionamento, em que dois terços das crianças tiveram essa oportunidade no ano anterior, o terço mais novo que entra na sala de aula pela primeira vez desenvolve rapidamente essa disciplina por meio da imitação das crianças mais velhas e da atenção especial recebida da professora, especialmente quando entram algumas crianças por vez. Quando a sala de aula está começando, ainda não existe nenhuma comunidade estabelecida de crianças, e a professora é a única a "mostrar o caminho da disciplina".[94]

> Se a disciplina já foi alcançada, nosso trabalho mal será necessário; o instinto da criança será um guia seguro que a capacitará a lidar com todas as dificuldades. Mas a criança de 3 anos, quando chega à escola, é uma lutadora a um passo de ser vencida; ela já adotou a atitude defensiva que mascara suas energias mais profundas. As energias superiores, que poderiam guiá-la para uma paz disciplinada e uma sabedoria divina, estão adormecidas.[95]

Na medida em que isso se aplique a algumas crianças, a professora

> deve chamá-las, despertá-las, por meio de sua voz e pensamento. [...] Antes de se afastar e deixar as crianças à vontade, ela observa e as dirige por algum tempo, preparando-as em um sentido negativo, isto é, eliminando seus movimentos descontrolados.[96]

Ela o faz introduzindo uma série de exercícios preparatórios que ajudam as crianças a se concentrar na realidade e a controlar os movimentos. Eles podem consistir em arrumar as cadeiras e mesas nos lugares certos sem fazer nenhum barulho, andar pela sala nas pontas dos pés, murmurar as instruções a serem seguidas ou praticar o silêncio total. É necessário atrair as crianças a fim de conseguir realizar esses exercícios. "Algumas vezes, uso uma palavra que é facilmente mal-entendida: a professora deve ser sedutora, ela deve atrair as crianças."[97]

Qualquer criança que não possa ser tocada dessa forma deve ser abordada de modo mais direto.

> Se nesse estágio houver alguma criança que persistentemente incomode as outras, a coisa mais prática a fazer é interrompê-la. É verdade que dissemos, e repetimos muitas vezes, que quando uma criança está absorvida em seu trabalho devem-se evitar interferências de modo a não interromper seu ciclo de atividade nem impedir sua livre expansão. No entanto, a técnica correta agora é exatamente o oposto: é quebrar o fluxo da atividade perturbadora. A interrupção pode tomar a forma de qualquer tipo de exclamação ou demonstração de interesse especial e carinhoso pela criança que perturba.[98]

Gradualmente, são apresentados alguns dos exercícios da vida prática e, por fim, pouco a pouco, os materiais didáticos. Um período de ordem aparente se segue, mas no início

> as crianças continuam a passar de uma coisa a outra. Elas usam cada coisa uma vez e, depois, vão pegar alguma outra coisa. [...] A aparência de disciplina que pode ser obtida é, na verdade, muito frágil, e a professora, que está constantemente atenta a uma desordem que sente "no ar", é mantida em estado de tensão.[99]

Nesse ponto, a professora deve supervisionar as crianças e também iniciar lições individuais mostrando o uso preciso dos materiais, como descrito antes na lição fundamental, mas deve estar atenta e continuar observando as atividades das outras crianças também. É agora que as crianças começam, uma a uma, a mostrar os fenômenos de repetição e concentração que indicam o começo da autodisciplina. A professora

> vê as crianças se tornando cada vez mais independentes na escolha de seu trabalho e a riqueza de seus poderes de expressão. Às vezes, o progresso delas

parece miraculoso. [...] Esse, entretanto, é o momento em que a criança tem mais necessidade de sua autoridade.[100]

Depois de completar algo importante para elas, "o instinto leva [as crianças] a submeter seu trabalho a uma autoridade externa de modo a ter certeza de que estão no caminho correto".[101]

Um último estágio é alcançado quando a criança não busca mais a aprovação da autoridade depois de cada passo.

> Ela continuará guardando trabalhos terminados, sem que os outros saibam nada sobre eles, obedecendo meramente a necessidade de produzir e aperfeiçoar os resultados de seu trabalho. O que lhe interessa é concluir seu trabalho, não que ele seja admirado, nem valorizado como sua própria propriedade.[102]

É então que a disciplina interna foi firmemente estabelecida, e a professora deve tomar muito cuidado para não interferir com a criança de maneira nenhuma. "Elogios, ajuda ou até mesmo um olhar podem ser o bastante para interrompê-la ou destruir a atividade. Parece algo estranho de se dizer, mas isso pode acontecer mesmo que a criança simplesmente fique consciente de estar sendo observada."[103] Mesmo quando várias crianças desejam usar os mesmos materiais ao mesmo tempo, a professora não deve interferir, a menos que seja chamada.

> Mas mesmo para resolver esses problemas, não se deve interferir sem ser chamada; as crianças vão resolver a situação por si mesmas. [...] A habilidade da professora em não interferir se desenvolve com a prática, como tudo o mais, mas isso nunca vem facilmente [pois] até mesmo o ato de ajudar pode ser uma fonte de orgulho.[104]

Em uma sala de aula como essa, a educação real das crianças pode começar, pois elas atingiram a autodisciplina e, assim, alcançaram a liberdade para seu próprio desenvolvimento. Esse é o objetivo visado por toda a filosofia e método montessoriano e no qual Montessori encontrou muita esperança para a humanidade.

1. "na primavera daquele primeiro ano, as crianças estavam felizes e trabalhavam duro"

2. "o desenvolvimento mental *deve* ser conectado ao movimento" [a escada marrom]

3. "as crianças trabalham por causa do processo; os adultos trabalham para alcançar um resultado final"

4. "elas sempre vivem em uma comunidade ativa"

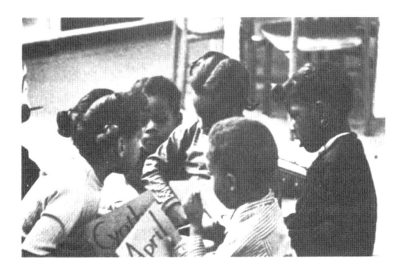

5. "entre 6 e 9 anos, então, ela é capaz de construir as habilidades acadêmicas e artísticas essenciais para uma vida de realização"

6. "portanto, as crianças são livres para se movimentarem à vontade na sala de aula – idealmente para um ambiente externo [...] tanto quanto no ambiente interno da sala de aula"

7. "o mais essencial para o desenvolvimento da criança é a concentração"

8. "os materiais progridem de formatos e uso simples para mais complexos"
[as hastes numéricas menores]

9. "os materiais começam como expressões concretas de uma ideia" [os sólidos geométricos]

10. "o controle do erro guia a criança em seu uso dos materiais e permite que ela reconheça seus próprios enganos" [a tábua de multiplicação]

11. "a construção interna de disciplina, organização, independência e autoestima"

12. "ajudar a criança no desenvolvimento de sua inteligência" [o cubo do trinômio]

13. "satisfazer seu desejo inato de aprender"

14. "existe comunicação e harmonia entre eles"

15. "[adultos] devem se aproximar das crianças com humildade, reconhecendo que seu papel é secundário"

16. "o relacionamento íntimo entre o observador e o indivíduo a ser observado" [os sinos musicais]

17. "o controle do movimento e da coordenação entre olho e mão"

18. "preparação para os movimentos de escrita e para segurar um lápis" [os encaixes de metal]

19. "um incentivo contínuo da autoexpressão e da comunicação" [jogo de correspondência de cartões]

20. "os encaixes de metal completam a possibilidade para uma explosão de escrita"

21. "a escrita se desenvolve tão naturalmente como a linguagem oral se desenvolveu em um período anterior"

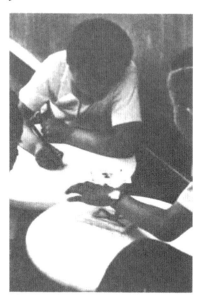

22. "quanto mais conhecimento for disponibilizado para a criança, mais ela será estimulada a explorar a linguagem" [a caixa dos mistérios]

23. "a intenção é apenas dar a chave de que palavras diferentes fazem coisas diferentes" [a fazenda]

24. "experimentar a emoção de descobrir o desconhecido por si mesmo"

25. "liberdade [...] para comunicar e partilhar suas descobertas com os outros à vontade"

26. "um bom exemplo de sua abordagem indireta à aprendizagem, que leva ao aumento da criatividade"

Capítulo 4

Montessori e os pais

MONTESSORI ACREDITAVA que uma importante missão dos pais era trabalhar para o estabelecimento do lugar correto da criança na sociedade. As necessidades da criança deveriam vir antes de todas as outras, pois o progresso da humanidade terá de acontecer por meio da criança. No entanto, em vez de colocá-la em primeiro lugar, nossa sociedade está gastando seu dinheiro em luxos desnecessários e melhorias tecnológicas, poluindo o meio ambiente e superpovoando a Terra.

> O maior crime que a sociedade está cometendo é o de desperdiçar o dinheiro que deveria gastar com as crianças, é o de dissipá-lo para destruir a elas e a si mesma. [...] Quando uma sociedade perdulária tem uma necessidade urgente de dinheiro, ela o tira das escolas e, especialmente, das escolas infantis, que abrigam as sementes da vida humana. [...] Esse é o pior crime e o maior erro da humanidade. A sociedade nem percebe que se destrói duas vezes quando usa o dinheiro para instrumentos de destruição; ela destrói ao não permitir a vida e destrói ao provocar a morte. E as duas são um único erro.[1]

Os pais têm uma missão importante: "Apenas eles podem e devem salvar seus filhos... Sua consciência deve sentir a força da missão que lhes foi confiada pela natureza... pois em suas mãos está positivamente o futuro da humanidade, vida."[2]

Montessori via que os pais em nossa sociedade estão deixando de fazer isso. Em vez disso, eles se preocupam com

> lutas, esforços de adaptação e trabalho para conquistas externas. Os acontecimentos do mundo dos homens todos convergem para conquista e produção, como se não houvesse nada mais a ser considerado. O esforço humano sofre embates e é quebrado na competição. [...] Se o adulto considera a criança, ele o faz com a lógica que usa para lidar com seus iguais. Ele vê na criança uma criatura diferente e inútil e a mantém à distância ou então, por meio do que se chama de educação, tenta atraí-la prematuramente e dirigi-la para as formas de sua própria vida. [...] O adulto exibe diante delas sua própria perfeição, sua própria maturidade, seu próprio exemplo histórico, chamando a criança para que o imite.[3]

Como cientista, Montessori estava muito ciente das mudanças radicais a que as formas inferiores da natureza se submetem para proteger e nutrir seus jovens e ficou intrigada com o fato de o próprio homem não exibir os mesmos instintos em grau semelhante.

> Como podemos explicar uma concepção tão errada no ser mais elevado e mais evoluído, dotado de uma mente própria? É o denominador de seu ambiente, a criatura plena de poder, capaz de trabalhar com uma superioridade imensurável sobre todas as outras coisas vivas?
>
> No entanto, ele, o arquiteto, o construtor, o produtor, o transformador de seu ambiente, faz menos por seu filho que as abelhas, que os insetos e que qualquer outra criatura.[4]

Além de lutar pelos direitos da criança na sociedade, os pais têm a responsabilidade básica pela vida e pelo desenvolvimento de seus filhos. Embora Montessori recomendasse escolarização formal para crianças em uma idade muito mais precoce do que os educadores que a precederam, ela atribuía aos pais a única responsabilidade pelos anos iniciais da vida da criança. Montessori geralmente considerava adequado colocar uma criança em um ambiente escolar a partir dos 2,5 anos e, mais comumente, aos 3 anos. Isso significava que ela ficaria em seu ambiente doméstico, com os pais encarregados de suas atividades, durante os primeiros 3 anos de vida – os anos que Montessori considerava mais importantes do que quaisquer outros para o seu desenvolvimento.

> O desenvolvimento da criança durante os primeiros três anos depois do nascimento tem uma intensidade e importância não igualadas em nenhum período anterior ou posterior em toda a vida dela. [...] Se considerarmos as transformações, adaptações, realizações e conquista do ambiente durante o primeiro período da vida, de 0 aos 3 anos, esse é funcionalmente um período mais longo comparado a todos os outros que se seguem juntos, a partir dos 3 anos até a morte. Por essa razão, esses três anos podem ser considerados tão longos quanto toda a vida.[5]

As necessidades da criança durante esse período são "tão imperiosas que não podem ser ignoradas sem consequências prejudiciais irreversíveis".[6]

Montessori enfatizava particularmente a importância da mãe para a criança, inclusive no período imediatamente após o parto. Uma vez que a criança está passando de uma forma de existência para outra, "em nenhum outro período da vida humana ela encontrará uma ocasião similar de esforço e conflito e, portanto, de sofrimento".[7] Como o nascimento é um "episódio tão dramático" na vida da criança, Montessori sentia que era essencial que ela "permanecesse [nos primeiros dias] tanto quanto possível em contato com a mãe". Essa proximidade física auxilia

> sua adaptação ao mundo [...] porque existe um vínculo especial que une mãe e filho, quase como uma atração magnética.
>
> A mãe irradia forças invisíveis às quais a criança está acostumada, e elas são uma ajuda para a criança nos difíceis dias de ajustamento.
>
> Podemos dizer que a criança apenas mudou de posição em relação à mãe: agora está fora do corpo da mãe, em vez de estar dentro. Mas tudo o mais continua igual e a comunhão entre elas ainda existe.[8]

Embora Montessori enfatizasse o papel dos pais e a unidade familiar na vida inicial da criança, ela não aprovava o conceito da família como uma unidade isolada. Sentia que esse isolamento dividia os homens e os impedia de descobrir sua verdadeira condição de fraternidade.

> Por que os homens se isolam uns dos outros e por que cada grupo familiar se fecha com um sentimento de isolamento e de repugnância em relação aos outros grupos? A família não se isola para encontrar prazer em si mesma, mas

para se separar dos outros. Essas barreiras não são construídas para defender o amor. As barreiras familiares são fechadas, intransponíveis e mais fortes do que as paredes da casa. O mesmo acontece com as barreiras que separam as classes e as nações.[9]

Mantendo esse conceito de comunicação mais próxima entre famílias, Montessori defendia o que chamava de uma "socialização" do trabalho de uma mãe. Com isso, queria dizer uma cooperação para benefício mútuo, como a sociedade tinha obtido naquela época no campo do transporte, por meio do uso de bondes, no campo da eletricidade, por meio da iluminação das ruas, e no campo da comunicação, por meio do telefone. Ela criou suas "Casas dei Bambini" em prédios de apartamentos, dando às mães que precisavam ou desejavam a oportunidade de deixar as crianças em um ambiente benéfico que elas mesmas sustentavam e pagavam. Montessori também previu um tempo em que poderia haver uma enfermaria no prédio de apartamentos e um programa de cozinha em que, se desejado, um jantar poderia ser pedido de manhã e entregue, talvez por um pequeno elevador, à noite. Liberada assim de muitas das tarefas domésticas do passado, a "nova mulher" seria "como o homem, um indivíduo, um ser humano livre, uma trabalhadora social e, como o homem, ela deve buscar bênçãos e repouso dentro de casa".[10]

Montessori não considerava que a responsabilidade dos pais pelos primeiros anos da criança se baseasse no fato de a terem produzido e, portanto, que tivessem o direito de controle completo sobre ela. Pelo contrário, é a criança que deve se produzir. A autoridade dos pais sobre ela é legítima apenas na medida em que eles sejam-lhe úteis nessa tarefa. "O papel dos pais é de guardiões, não de criadores."[11]

> A mãe traz o bebê ao mundo, mas é o bebê que produz o homem. [...] Reconhecer esse grande trabalho da criança não significa diminuir a autoridade dos pais. Quando eles se convencerem de que não são os construtores e agirem como colaboradores no processo de construção, se tornarão muito mais capazes de cumprir seus deveres reais. [...] Assim, a autoridade dos pais não vem de uma dignidade que se sustenta por si mesma, mas da ajuda que possam dar a seus filhos. A verdadeira e grande autoridade e a dignidade dos pais apoiam-se apenas nisso.[12]

O papel dos pais é "cuidar do guia interior de cada criança e mantê-lo desperto".[13]

A criança, então, recebe seus próprios poderes para desenvolvimento e, para que os pais sejam úteis, eles devem tentar aprender com a própria criança o que devem fazer.

> A natureza deu a essa nova pessoa [a criança] suas leis, e tudo o que acontece não está em nossas mãos. Não que não possamos ajudar; podemos e ajudamos, mas temos a ideia de que somos nós, os adultos, que a construímos, que devemos fazer tudo por essa criancinha em vez de ver o quanto ela pode nos dar. [...] Há muito conhecimento e muita sabedoria na criança. Se não nos beneficiamos com isso, é só porque negligenciamos nossa parte de nos tornar humildes, ver a maravilha dessa alma e aprender o que a criança pode ensinar.[14]

Erik Erikson, o famoso psicanalista e um dos primeiros montessorianos, enfatiza esse crescimento que deve ocorrer como parte da parentalidade:

> Os pais que têm pela frente o desenvolvimento de várias crianças devem constantemente enfrentar um desafio. Eles devem se desenvolver com seus filhos. [...] Os bebês controlam e criam suas famílias tanto quanto são controlados por elas.[15]

Para que os pais possam aprender e crescer com seus filhos, eles precisam desenvolver o poder de observá-los, desfrutar sua companhia e aceitá-los. Tudo isso depende da disponibilidade de adotar o ritmo mais lento da criança e confiar em seus poderes internos. É difícil para o adulto, que deve atingir seus objetivos do modo mais eficiente possível, não interromper os esforços mais lentos da criança.

> Vendo a criança fazer grandes esforços para realizar uma ação totalmente inútil ou tão fútil que ele mesmo poderia realizar em um instante e muito melhor, ele [o adulto] fica tentado a ajudar. [...] O adulto se irrita não só pelo fato de que a criança está tentando realizar uma ação quando não há necessidade, mas também por seus ritmos diferentes, seu modo diferente de se mover.[16]

Portanto, o adulto está constantemente apressando e pressionando a criança. Dorothy Canfield Fisher, uma escritora e mãe norte-americana que foi à Europa para estudar com a Dra. Montessori, descreve esse apressar das crianças vividamente em seu livro *The Montessori mother*. Ela diz que, ao escrever sobre seus filhos, percebeu que tinha estado "arrastando-os precipitadamente em uma turnê guiada e rápida pela vida".[17] Montessori acreditava que

> O adulto deve sempre estar calmo e agir lentamente de modo que todos os detalhes de sua ação possam ser claros para a criança que está observando.
> Se o adulto se abandona a seus ritmos usuais, rápidos e intensos, então, em vez de inspirar, ele pode gravar sua própria personalidade sobre a da criança e influenciar a criança por sugestão.[18]

Para garantir um desenvolvimento positivo a seu filho, os pais devem preparar um ambiente doméstico adequado para ele. A criança necessita de um lar que seja um local

> de beleza [...] que não esteja contaminado nem determinado por nenhuma outra necessidade externa [...] em que o homem sinta a necessidade de suspender e esquecer suas características usuais, onde perceba que a essência que mantém a vida é algo diferente da luta [...] que oprimir os outros não é o segredo da sobrevivência nem a coisa importante na vida [...] onde, portanto, uma entrega do "eu" pareça realmente alimentar a vida.[19]

Um ambiente tão acolhedor é uma dádiva para o adulto e é uma necessidade da criança para que ela desenvolva seu pleno potencial em decorrência do relacionamento diferenciado com seu meio. A criança não apenas mora em seu ambiente; ela se torna parte dele.

> Ela absorve a vida que ocorre a seu redor e se torna una com ela. [...] As impressões da criança são tão profundas que ocorre uma mudança biológica ou psicoquímica pela qual a mente termina por se parecer com o próprio ambiente.[20]

Como é o primeiro contato com o mundo, Montessori pensava que os pais deviam tomar muito cuidado "com todas as condições que rodeavam o recém-nascido, para que ele não seja repelido e desenvolva tendências regressivas, mas se sinta atraído para o novo mundo ao qual acabou de chegar". O ambiente nos primeiros dias deve simular o útero da mãe. "Não deve haver muito contraste – em relação a calor, luz, ruído – com as condições anteriores ao nascimento, no útero da mãe, onde havia um silêncio perfeito, escuridão e temperatura constante."[21] Depois do período inicial de transição, Montessori era completamente contra o isolamento do bebê da vida social que ocorre a seu redor.

> Na verdade, o ambiente natural do bebê é o mundo, tudo que está ao seu redor. Para aprender uma linguagem, ele deve viver com aqueles que a falam, caso contrário, não conseguirá falar. Para adquirir poderes mentais especiais, deve viver com pessoas que usam constantemente esses poderes. As maneiras, hábitos e costumes do grupo a que pertence só podem ser derivados ao se misturar com aqueles que os possuem. [Se a criança for] deixada sozinha e incentivada a dormir o máximo possível, como se estivesse doente [ou] afastada em um berçário sem outra companhia exceto a de uma enfermeira, [...] seu crescimento e desenvolvimento normais serão interrompidos.[22]

A criança deve ter permissão para tomar parte na vida dos pais apesar dos problemas decorrentes disso. "Não obstante as inúmeras objeções que podem ser feitas, é preciso dizer que, se queremos ajudar a criança, devemos mantê-la conosco para que possa ver o que fazemos e ouvir o que dizemos."[23] A esse respeito, Montessori pensava que outros povos do mundo eram mais esclarecidos em suas práticas de criação infantil do que os habitantes dos países ocidentais. Em outras culturas, os bebês estão constantemente com as mães e vão a toda parte com elas. Montessori acreditava que era por isso que esses bebês raramente choravam, ao passo que

> o choro das crianças é um problema nos países ocidentais. [...] A criança é entediada. Ela está mentalmente faminta, mantida prisioneira em um espaço confinado que não lhe oferece nada a não ser frustração ao exercício de seus poderes. O único remédio é liberá-la da solidão e permitir que se junte à vida social.[24]

Conforme o bebê cresce, sua também crescente independência cria um conflito cada vez maior entre os desejos dos pais e as necessidades dessa criança.

> O conflito entre o adulto e a criança começa quando ela chega a um ponto em que pode fazer as coisas sozinha. Antes, ninguém podia impedir realmente que a criança visse e ouvisse, isto é, que fizesse uma conquista sensorial de seu mundo. [...] Mas, quando fica ativa, anda, toca os objetos, a coisa muda de figura. Os adultos, por mais que amem uma criança, sentem um instinto irresistível de se defenderem dela. É um sentimento inconsciente de medo da perturbação por uma criatura irracional, combinado com um senso de propriedade por conta do qual se teme que os objetos possam ser sujos ou estragados.[25]

Assim, mesmo que amem verdadeiramente seu filho, são os pais que correm o risco de se tornarem o primeiro inimigo da criança em sua luta pela vida. Isso ocorre por não compreenderem que, ao contrário deles, a criança está no processo de "tornar-se".

> Essa é a primeira competição do homem que entra no mundo: ele tem de lutar com seus pais, com aqueles que lhe deram a vida. E isso acontece porque sua vida de bebê é "diferente" da vida de seus pais; a criança tem de se formar enquanto os pais já estão formados.[26]

Quando a criança desenvolve a capacidade de andar, o pai continua a interferir em seu crescimento porque, de um lado, sente que é necessário para a segurança da criança e, por outro, porque o adulto não deseja – ou não consegue – reduzir seu ritmo para acompanhar o dela.

> Sabemos que a criança começa a andar com um ímpeto e coragem irresistíveis. Ela é corajosa, até mesmo temerária; um soldado que se lança para a vitória sem avaliar o risco. E por esse motivo, o adulto a rodeia com restrições protetoras, que são muitos obstáculos; ela é enclausurada em um cercadinho ou presa a um carrinho, no qual fará suas saídas mesmo quando suas pernas já forem fortes.
> Isso acontece porque o passo de uma criança é muito mais curto do que o de um adulto, e ela tem menos capacidade de manter energia para longas caminhadas. E o adulto não vai abrir mão de seu próprio ritmo.[27]

Conforme a criança, que agora anda, começa a explorar os objetos em seu ambiente, o modo de vida do adulto é ainda mais ameaçado. Como resultado, em vez de acolher a nova atividade, os pais buscam impedi-la.

> O primeiro esticar dessas mãos minúsculas, o ímpeto de um movimento que representa o esforço do ego para penetrar o mundo, deveria encher o adulto que o observa de maravilhamento e reverência. E em vez disso, o homem tem medo dessas mãozinhas que se esticam para os objetos sem valor e insignificantes a seu alcance; ele decide defender esses objetos contra a criança. Fica repetindo constantemente: "Não toque!" do mesmo modo com que repete: "Sente! Fique quieto!"[28]

A criança quer manusear e tocar todos os objetos que vê os outros usarem ao seu redor.

> [Ela] não está correndo, nem pulando, nem mexendo nas coisas sem objetivo, nem simplesmente trocando-as de lugar para criar bagunça ou destruí-las. O movimento construtivo encontra seu impulso nas ações que a criança vê sendo realizadas pelos outros. As ações que tenta imitar são sempre aquelas que envolvem o manusear ou o uso de algo com que tenta desempenhar as ações que viu sendo realizadas pelos adultos. Portanto, essas atividades são associadas com os usos de seus diversos ambientes doméstico ou sociais. A criança vai querer varrer, lavar pratos, lavar roupas, jogar água ou tomar banho e se vestir, escovar o próprio cabelo.[29]

Quando a criança, inevitavelmente, desejar explorar objetos que dependem dos outros, poderá ser feita uma substituição.

> Nem é preciso dizer que, com frequência, haverá uma guerra entre o adulto e a criança por causa desses objetos tão atraentes que são absolutamente proibidos porque pertencem à penteadeira da mamãe ou à escrivaninha do papai ou ao mobiliário da sala de visitas. E, muitas vezes, o resultado é "desobediência". Mas a criança não quer aquele frasco particular, nem aquele tinteiro; ficaria satisfeita com coisas feitas para ela e que lhe permitissem praticar os mesmos movimentos.[30]

Os adultos podem entender prontamente que é importante permitir que a criança explore seu ambiente, mas é raro darem um consentimento completo.

A ideia de deixar o bebê livre para agir é facilmente entendida, mas na prática encontra obstáculos complicados profundamente enraizados na mente do adulto. Muitas vezes, um adulto que deseja deixar a criança livre para tocar e mexer nas coisas não conseguirá resistir a impulsos vagos que terminam por dominá-lo.[31]

Nas primeiras explorações de seu ambiente, a criança busca estabelecer sua independência por meio do domínio desse local. Depende dos pais permitir a exploração necessária e também arrumar o ambiente de tal modo que a criança possa aprender a fazer as coisas sozinha. Em suas escolas, Montessori dava à criança

> objetos que pudesse manusear sozinha e aprender a dominar. Esse princípio pode e deve ser aplicado na própria casa da criança. Desde a idade mais tenra possível, ela deve receber coisas que possam ajudá-la a fazer as atividades sozinha.[32]

Isso significa que tudo que a criança deve usar para cuidar de si mesma deve ser proporcional a seu tamanho e capacidade: o gancho para pendurar suas roupas, os lugares em que se lava a escova os dentes, pendura a toalha, e coloca as roupas sujas, uma vassoura e uma pá de lixo de seu próprio tamanho para limpeza, o local em que se senta e come – tudo isso deve ser adequado para o uso infantil. As roupas, em especial, devem ser escolhidas pela facilidade com que ela consiga colocá-las e tirá-las sozinha.

Montessori preocupava-se muito com o fato de uma criança ser auxiliada desnecessariamente e, portanto, não desenvolver a independência vital para uma vida plena. Ela escreveu sobre empregados realizando essa função. Atualmente, é mais provável que a mãe desempenhe as funções que cabiam ao empregado, mas o princípio ainda é aplicável.

> Em uma época da civilização em que existem empregados, o conceito daquela forma de vida que é independência não pode se enraizar nem se desenvolver livremente. [...] Nossos empregados não são nossos dependentes; em vez disso, somos nós que dependemos deles. [...] Na verdade, aquele que é servido é limitado. [...] Quem não sabe que ensinar uma criança a comer sozinha, a tomar banho e se vestir é um trabalho muito mais tedioso e difícil, que exige uma paciência infinitamente maior, do que alimentar, lavar e vestir a criança?

Mas o primeiro é o trabalho de um educador, o último é o trabalho fácil e inferior de um empregado. [...] Esses perigos devem ser apresentados aos pais das classes sociais privilegiadas, para que seus filhos possam usar de modo independente e por direito o poder especial que lhes pertence. A ajuda desnecessária é um obstáculo real ao desenvolvimento das forças naturais.[33]

Não só as capacidades naturais da criança permanecem subdesenvolvidas se ela for ajudada desnecessariamente, como também surgem características negativas.

O perigo do servilismo e independência está não só em ser "um consumo inútil de vida", que leva ao desamparo, mas no desenvolvimento de traços individuais que indicam muito claramente uma lamentável perversão e degeneração do homem normal. [...] O hábito de dominação se desenvolve lado a lado com o desamparo. É o sinal externo do estado de sentimento daquele que conquista por meio do trabalho dos outros.[34]

Toda a tendência de nossa cultura no sentido de o trabalho ser cada vez menos feito por nós mesmos alarmava Montessori. Para ela, ser vivo é ser ativo.

Tudo no mundo vivo é ativo. A vida é atividade em seu auge, e é apenas por meio da atividade que os aperfeiçoamentos da vida podem ser buscados e obtidos. As aspirações sociais que nos foram passadas pelas gerações passadas, o ideal de uma jornada de trabalho mínima, de ter outras pessoas trabalhando para nós, de ócio cada vez mais completo [...] essas aspirações são sinais de regressão na pessoa que não foi ajudada nos primeiros dias de sua vida a se adaptar a seu ambiente e que, portanto, sente antipatia pelo esforço. Essa pessoa teve o tipo de infância em que gostava de ser ajudada e servida.[35]

Montessori sentia que o adulto em nossa cultura está despreparado para reconhecer e aceitar o desejo da criança pequena de trabalhar e, portanto, não só se surpreende quando ele aparece, mas se recusa a permitir que se expresse. Em vez disso, o adulto tenta obrigar a criança a brincar continuamente. Os adultos precisam aprender o instinto de trabalhar da criança e cooperar com ele.

Nós também devemos rejeitar a ideia de que a alegria de uma criança está em ser obrigada a brincar o tempo todo ou a maior parte do dia.

A base da educação deve ser fundada nos seguintes fatos: que a alegria da criança está em realizar coisas ótimas para sua idade; que a satisfação real da criança é dar o esforço máximo à tarefa em mãos; que a felicidade consiste em uma atividade do corpo e da mente bem-direcionada no sentido da excelência; que a força da mente, do corpo e do espírito é adquirida pelo exercício e pela experiência.[36]

Erik Erikson descreve a necessidade de trabalho e realização da criança como os primeiros "passos infantis na direção da identidade" e da autoestima realista.

Assim, as crianças não podem ser enganadas com elogios vazios e incentivo condescendente. [...] A identidade do ego ganha força real apenas com o reconhecimento sincero e coerente de realizações reais, isto é, de realizações que tenham significado em nossa cultura.

Nossa cultura, em contraste com outras, atrapalha a criança nessa tarefa. Erikson cita a infância dos índios Papago, no Arizona, como um exemplo de uma sociedade na qual "a criança, desde a infância, é continuamente condicionada à participação social responsável, enquanto, ao mesmo tempo, as tarefas que são esperadas dela estão adaptadas a sua capacidade. O contraste com nossa sociedade é muito grande". Aqui, a criança não faz nenhuma contribuição até que possa competir em um nível adulto. Ela é elogiada pelos adultos quando o espírito os move, independentemente do padrão de realização que obtenha. Desse modo, ela não tem nenhum padrão claro em relação ao qual se avaliar.[37]

Em vez de oportunidades para realizações sérias em nossa cultura, nós damos brinquedos caros a nossas crianças, esperando que as ocupem e as impeçam de nos perturbar. Na verdade, mesmo no mundo atual dos "brinquedos educativos", a maioria dos brinquedos que os adultos dão às crianças não satisfaz as necessidades delas de crescimento e envolvimento com o mundo real. Consequentemente, são uma fonte de frustração para a criança, e ela não fica muito tempo ocupada com eles.

O brinquedo se tornou tão importante que as pessoas pensam que ele auxilia a inteligência. Certamente, ele é melhor do que nada, mas é significativo que a criança se canse rapidamente de um brinquedo e queira outros novos.[38]

Os brinquedos, na verdade, parecem apresentar um ambiente inútil que não pode levar a nenhuma concentração do espírito e que não tem propósito. Eles são para as mentes à deriva na ilusão. [...] E, no entanto, os brinquedos são as únicas coisas que o adulto fez para a criança como um ser inteligente.[39]

Por que damos à criança brinquedos que a ocupam em vez de envolvê-la de um modo significativo na vida que a rodeia, como é feito em outras culturas? Montessori achava que isso ocorria porque o adulto em nossa cultura percebe que tal atitude exigiria algumas adaptações de sua parte, e ele está tão concentrado em sua própria produção e realização que não está disposto a se adaptar à criança. O adulto

vê que deve fazer uma imensa renúncia [...] abrir mão de seu ambiente, e isso é incompatível com a vida social como ela existe. Em um ambiente adulto, a criança é, sem dúvida, um ser extrassocial. Mas simplesmente calá-la, como tem sido feito até agora, significa uma repressão de seu crescimento.[40]

Em vez de dar à criança brinquedos que não tenham significado para ela, o adulto deve preparar atividades especiais com seu ambiente que ajudarão o desenvolvimento da criança.

A solução desse conflito está em preparar um ambiente adaptado às manifestações mais elevadas da criança. Quando ela diz suas primeiras palavras, não há necessidade de preparar nada, e sua linguagem infantil é ouvida na casa como um som bem-vindo. Mas o trabalho de suas mãozinhas requer "motivos de atividade" na forma de objetos adequados.[41]

Como os pais podem preparar essas atividades? Uma pista pode ser encontrada nos brinquedos descartados. Por que a criança os rejeita? Porque, segundo Montessori, eles não colocam a criança em contato com a realidade.[42] A criança precisa de objetos e atividades que possam servir como uma preparação para o mundo adulto no qual ela percebe que, um dia, terá um lugar a assumir. Quando isso é feito, a sua resposta mostra ao pai ou à mãe que está no caminho certo.

> Ela não se importa com coisas que não estão em seu ambiente usual porque seu trabalho é se ajustar a seu próprio mundo adulto. [Quando] as coisas são feitas para ela, em proporção com seu tamanho, e é possível ser ativa com elas como os adultos são, todo o caráter da criança parece mudar e ela se torna calma e contente.[43]
>
> Um teste da correção do procedimento educacional é a felicidade da própria criança.[44]

Os pais devem observar de perto seu filho e notar os tipos de atividades que ele escolhe espontaneamente em seu ambiente. Os pais podem, então, torná-las mais disponíveis para a criança, organizando-as no seu nível e, mais tarde, criando expansões e variações delas. Quanto mais simples forem essas atividades, melhor corresponderão às necessidades infantis. É importante lembrar, também, que a criança deve ser ensinada indiretamente; as instruções verbais não são úteis e podem atrapalhar a criança pequena, pois a distraem: "Contudo, por mais que você fale e fale e fale, você não realiza nada porque a criança não pode aprender diretamente, mas só indiretamente."[45] Os princípios esboçados na descrição dos materiais de Montessori e a Lição Fundamental no Capítulo 2 são bons guias a seguir para definir essas atividades. Os pais também podem incluir a criança em suas próprias atividades, tanto quanto possível. Mesmo uma criança de 1 ano e meio pode pôr colheres na lava-louças ou na gaveta, arrumar armários, tirar o pó, "dobrar" panos de prato, ajudar a alimentar os animais, mexer com a terra em um jardim. Quando é necessário trabalhar em uma escrivaninha, uma criança dessa idade pode trabalhar em sua própria mesa, fazendo marcas em um papel com uma caneta, dobrando papéis, falando em um telefone de tamanho real. Os passeios fora da casa podem ser adaptados ao nível e ao ritmo da criança.

Os pais cujos filhos não tenham a experiência de um berçário ou pré-escola podem estruturar algumas atividades acadêmicas preliminares em casa. Uma visita a um bom jardim de infância ou sala de aula Montessori pode lhes dar algumas ideias construtivas. O melhor livro disponível sobre essas atividades com materiais Montessori é *Dr. Montessori's own handbook*.

Entretanto, é importante ter um cuidado: um pai ou uma mãe que esteja planejando trabalhar com seu filho em casa, com objetivos de aprendizagem definidos em mente, deve ter uma compreensão realista de sua própria natureza e da natureza de seu filho, do relacionamento deles e de sua motivação para realizar essas atividades. Muitos pais norte-americanos sobrecarregam seus filhos com entusiasmo exagerado e direcionamento. Outros são pais tensos e ansiosos que esperam demais dos filhos e de si mesmos. Em vez de colocar mais uma exigência sobre ambos, os pais deveriam se concentrar em relaxar com os filhos e aproveitar a companhia deles, talvez fazendo caminhadas sem pressa num parque com uma câmera, binóculos ou lupa.[46]

O papel que Montessori atribuía à liberdade no desenvolvimento da criança já foi discutido anteriormente neste livro. No entanto, é importante acrescentar algumas palavras sobre liberdade, dirigidas especificamente aos pais. Em nossa cultura, que muda rapidamente, existe pressão sobre os pais para darem a seus filhos uma crescente "liberdade". Cada vez mais, apenas pais maduros e confiantes dão ao filho a orientação, os limites e a liderança necessários para o desenvolvimento da verdadeira liberdade. Montessori escreveu em 1948:

> O problema principal é o da liberdade; sua importância e repercussões ainda precisam ser claramente entendidas. A ideia do adulto de que liberdade consiste em minimizar deveres e obrigações deve ser rejeitada. [...] A liberdade que é dada à criança não é a libertação dos pais e professores; não é a liberdade das leis da natureza, nem do estado nem da sociedade, mas a liberdade última para o autodesenvolvimento e a autorrealização compatíveis com o serviço à sociedade.[47]

Capítulo 5

A abordagem montessoriana aplicada à escrita e à leitura

EMBORA A DRA. MONTESSORI tenha escrito vários livros sobre sua filosofia e método geral, ela não escreveu nenhum manual que explicasse detalhadamente os procedimentos exatos para o lar ou a sala de aula. Talvez receasse que uma afirmação tão explícita pudesse tender a deixar suas ideias inflexíveis. Os pais ou professores poderiam memorizar algumas técnicas e procedimentos e reproduzi-los mecanicamente com as crianças. Nada poderia estar mais distante do conceito que Montessori tinha da educação como um processo vivo que não era determinado nem pelo professor nem pelos pais, mas pelos poderes internos da criança. Esperando evitar a tendência humana de engessar em uma forma rígida os métodos usados na sala de aula, Montessori decidiu que suas professoras deviam, cada uma, escrever seu próprio manual com base em uma compreensão individual da educação Montessori. O manual que cada professora Montessori desenvolve durante seu treinamento é o próprio guia ao qual recorrer e que deve ser revisado e ampliado por toda sua carreira no ensino. Montessori sem dúvida esperava que tal procedimento ajudasse as professoras a ver sua vida enquanto docentes como um processo contínuo, sujeito a crescimento e a mudança. Em segundo lugar, ao escrever seu próprio guia, a professora montessoriana é obrigada a pensar em sua abordagem pessoal diante dos materiais e das crianças em um nível mais profundo do que se simplesmente recebesse as respostas de outra pessoa. Essa política de pedir que cada professora exprimisse sua própria compreensão da educação Montessori é coerente com uma filosofia e método de educação que pede às crianças que descubram suas próprias respostas em vez de esperar para se apropriar das experiências de outra pessoa e substituir, com elas, as próprias experiências.

A falta de um manual sobre a aplicação específica do método Montessori, porém, levou a alguma confusão tanto para os pais em casa quanto para os professores na sala de aula. É difícil ver, por exemplo, como crianças de 5 e 6 anos de idade simplesmente começam a escrever e, depois, a ler, meramente ao serem expostas a um ambiente baseado nos princípios de liberdade e disciplina e no qual letras de lixa, alfabetos móveis e diversos jogos foram colocados. Obviamente, não é algo que simplesmente acontece. Um relato preciso e detalhado desse fenômeno envolveria mais explicação do que é apropriado aqui. No entanto, uma breve indicação de como a educação Montessori funciona ao ser aplicada nessa área pode levar à compreensão mais profunda da filosofia e do método Montessori em geral.

Para compreender a educação Montessori, em qualquer área, é importante lembrar que a abordagem é sempre indireta, nunca a direta da educação tradicional. O enorme respeito de Montessori pelos poderes misteriosos que formam a criança desde o momento da concepção levou-a a temer qualquer interferência direta em seu desdobrar.

> Estamos aqui para oferecer a vida, que veio ao mundo por si só, os meios necessários para seu desenvolvimento e, depois de fazer isso, devemos aguardar esse desenvolvimento com respeito.[1]

A abordagem indireta que Montessori defendia para ajudar a criança a descobrir a comunicação escrita começa no nascimento. Como a comunicação escrita é linguagem visualizada e, como tal, uma extensão da linguagem oral da criança, é importante que o ambiente dela esteja saturado com sons humanos desde os primeiros momentos. Ela não deve ser mantida separada da vida social nem mesmo quando é um bebê pequeno, mas ser incluída em tudo que a família faz. Deve-se falar com ela e ouvi-la com paciência e interesse. Deve-se dizer a ela os nomes de todas as coisas em seu ambiente; não só "árvore", mas "árvore de carvalho", "árvore de bordo" etc., pois esse é o período da Mente Absorvente, quando ela aprende naturalmente tais coisas. Mais tarde, ela terá de decorá-las, o que será não só mais difícil, mas também muito menos capaz de estimular um interesse por toda a vida. Do mesmo modo em que a família deve rodear o bebê com a linguagem, também é importante rodeá-lo com a palavra escrita. Ela deve ver as pessoas lendo livros em casa e também ser exposta a sinais e comunicações escritas no mundo externo, pois, dessa forma, desenvolve uma percepção natural de outra forma de comunicação em seu ambiente.

Por causa da confiança infinita de Montessori nos poderes da criança para ensinar a si mesma, ela não definiu um método para "ensinar leitura". Ela também não achava sábio decidir quanto a um momento específico em que as crianças deviam começar a ler. Em decorrência dessa abordagem, as crianças que estudam em escolas Montessori geralmente não se lembram de aprender a ler, e a professora também não se lembra de ensinar ninguém. O ambiente é projetado para que todas as atividades alimentem naturalmente o desenvolvimento das habilidades necessárias para a leitura e, assim, a leitura é experimentada como parte do processo de vida. Isso é o contrário da ênfase em obrigar as crianças a ler, como no método tradicional, ao lhes apresentar certo dia um livro (o mesmo para todas as crianças) no qual estão palavras que devem ser pronunciadas (em voz alta para todos poderem ouvir) e depois são feitas perguntas ("O que a Jane disse?", "De que cor era a bola?"), que devem ser respondidas (mais uma vez, de modo que todos ouçam).

Não foi apenas a confiança de Montessori nos poderes da criança que a levou a abordar a leitura desse modo natural, mas também seu conceito da criança como um ser ativo, mais do que receptivo. Ela considerava que o trabalho da educação não é preencher a criança com as técnicas de leitura, mas liberá-la para a autoexpressão e a comunicação. A questão, então, transforma-se em como apresentar semelhantes oportunidades sem se prender à mecânica da ação, que impediria a criança de absorvê-la por si mesma. Essa concentração no significado em vez da mecânica da palavra escrita levou a uma inversão no procedimento de leitura antes da escrita. Ao escrever, a criança expressa seus próprios pensamentos por meio de símbolos; ao ler, ela deve compreender os pensamentos de outra pessoa. Escrever é algo conhecido para ela, pois está dando sua própria linguagem a outra pessoa. Na leitura, ela deve lidar com um desconhecido: os pensamentos de outra pessoa. Esse último é obviamente um procedimento muito mais complicado.

Quais são, então, as necessidades da criança para escrever? Ela deve estar apta a usar um instrumento de escrita, ter desenvolvido uma leveza de toque, ser capaz de se manter dentro dos limites ou do espaço disponível para a escrita, conhecer a forma do movimento que quer fazer – isto é, as letras e seus sons – e deve ser capaz de traçar esse movimento. Além de dominar esses processos mecânicos, ela deve conhecer palavras não fonéticas ou "quebra-cabeças" de palavras, fonogramas, construção geral de palavras e estudo das palavras (prefixos, sufixos, formas masculina e feminina) e pontuação. Precisa ter desenvolvido um vocabulário rico e o conceito de que as coisas têm nomes, uma apreciação da exatidão dos significados e definições das palavras e a percepção de que as palavras podem ser agrupadas em classificações. Ela deve entender que as palavras têm funções e que o relacionamento das palavras e sua posição em uma frase são importantes. Finalmente, ela deve conhecer e apreciar a construção de frases.

Para que todo esse conhecimento não se torne um processo mecânico para a criança, a professora deve lhe transmitir algum sentido do mistério da linguagem. Para fazer isso, deve manter viva dentro de si mesma uma consciência da linguagem como uma aquisição exclusiva do homem, que o distingue dos animais, e o poder pelo qual conquista as limitações de tempo, experimenta todas as emoções humanas, o conhecimento histórico e deixa um legado para as gerações futuras. A professora também deve transmitir à criança algum conceito da linguagem como um acordo entre as pessoas, um acordo que pode ser explorado. Além disso, as pessoas em países diferentes fizeram acordos diferentes, e estes também podem ser explorados. A tarefa da professora torna-se preparar a criança para uma grande exploração que leve à comunicação entre o "eu" e os outros, tanto vivos quanto mortos, nesse e em outros países – um empreendimento muito diferente de simplesmente ensinar uma criança a escrever e a ler.

A preparação na sala de aula para essa exploração começa com os exercícios de vida prática. Por meio deles, a criança desenvolve o controle do movimento e a coordenação motora-ocular, que a ajudarão na escrita. Derramar arroz e, depois, água, de um pequeno recipiente para outro, os quadros de laços e de botões, polir objetos de prata, cortar vegetais, carregar bandejas de equipamentos – tudo isso envolve movimentos precisos da mão e do corpo que levam à coordenação visual e ao controle muscular. Esses exercícios também desenvolvem uma compreensão do processo e da ordem envolvidos em um ciclo completo de atividade com começo, meio e fim. Além disso, enquanto primeira absorção com uma atividade precisa, eles iniciam o desenvolvimento da concentração e da disciplina interna da criança. A integração do "eu" e a compreensão do processo que resultam desses exercícios são importantes para qualquer tarefa que a criança venha a empreender de modo sério.

Os materiais sensoriais expandem ainda mais a preparação da criança por meio da construção sobre a ordem nela estabelecida com uso dos exercícios de vida prática. A torre cor-de-rosa, o armário geométrico, os cilindros sólidos, os cilindros de som, os encaixes de metal, os inúmeros jogos de correspondências, as placas de cor, os sinos, para mencionar apenas alguns, desenvolvem as capacidades perceptuais, a discriminação visual e auditiva e a capacidade de comparar e classificar da criança, todos poderes necessários para a linguagem escrita. Além disso, seu controle muscular vem sendo cada vez mais refinado em preparação para os movimentos da escrita e para segurar um lápis. Os minúsculos pinos usados para levantar as peças dos cilindros sólidos, os encaixes de metal, os quebra-cabeças de mapas, as formas do armário geométrico, entre outros, envolvem o movimento de pinça do polegar e do indicador. Os exercícios táteis desenvolvem a leveza do toque e, no caso das tábuas de toque (tábuas com faixas alternadas de lixa e de madeira lisa), também o movimento da esquerda para a direita. O traçado das formas, como o das formas do armário geométrico (sentir em volta de um encaixe de um círculo de madeira etc.), treina o olho para a exatidão da forma, e os músculos da mão e dos dedos para seguir o traçado de uma forma em preparação para formar as letras.

O desenvolvimento da linguagem é paralelo com essas outras atividades. A criança ouve os adultos lerem com frequência, em ampla diversidade de livros sobre a vida dos outros povos, outros lugares, a vida nesses lugares e, em especial, o mundo da natureza. A ênfase nessa idade está em ampliar o horizonte da criança no mundo real. Ela está no período sensível para os fatos e anseia pelo conhecimento real. Nesse estágio, ela é uma pessoa muito literal. Quando diz: "O que é isso?" ou "Por que isso?", quer que o adulto lhe diga o que um objeto *realmente* é ou qual é a explicação *real* que procura. Algum tempo depois, por volta dos 6 anos, a criança pode partilhar o contentamento do adulto com respostas imaginativas, porque também conhece os segredos das respostas reais. É então que os livros de fantasia, mito e contos de fadas são introduzidos.

O desenvolvimento da linguagem também é incentivado na sala de aula Montessori por meio da liberdade total de conversação. Por essa liberdade, a linguagem se torna uma parte essencial da vida da sala de aula, e existe um incentivo contínuo de autoexpressão e comunicação, de uma criança para outra e da criança para o adulto. Não é necessário, assim, estabelecer períodos artificiais para comunicação, como as horas de "mostrar e contar" das salas de aula tradicionais (*ver* Apêndice).

O vocabulário é enriquecido em uma sala de aula montessoriana de diversas formas únicas. Nomes exatos são usados para todos os objetos no ambiente, não muitos! Todos os tipos de jogos são jogados, além do emprego do vocabulário durante o uso natural do material ("Você pode me trazer a bandeira da Austrália, o triângulo sólido e a placa de cor?", "Eu fiz o hexágono hoje"). Existem também muitos jogos de correspondência de cartões com imagens que enriquecem o vocabulário: cartões de músicos, artistas, quadros, ferramentas, móveis, alimentos; cartões mostrando estilos históricos de roupas, casas, transportes; classificações de animais, répteis, vegetais, formas geométricas etc. Todos devem ser feitos pela professora. Quanto mais coisas ela inclui no ambiente, mais coisas as crianças querem. A criança absorve o vocabulário aplicado a esses cartões porque ainda está no período sensível para a linguagem. Se não encontrar esses nomes até mais tarde, terá de "aprendê-los" – um processo que será muito menos atraente para ela. Os materiais também estimulam o conceito de classificação por sua arrumação ordenada e pela divisão em categorias de atividades sensoriais, exercícios de vida prática, aritmética, ciências, geografia etc.

O desenvolvimento dos grandes músculos, cuja importância como uma base para as atividades mentais só agora está recebendo ampla atenção, é incentivado por Montessori por meio do *design* das atividades em sala de aula. Por exemplo, cada vara vermelha é carregada separadamente, envolvendo dez diferentes viagens entre o tapete e a prateleira e, de novo, mais dez viagens separadas para devolvê-la. As varas são seguradas pelas pontas, em parte para que a criança sinta a diferença entre a curta e a longa, a mais curta, a mais curta de todas etc., mas também porque há 1 metro de comprimento desde o início até o fim da vara mais longa, um nível de alongamento saudável para uma criança de 3 anos. Como a criança está em seu período sensível para o desenvolvimento motor, ela obtém uma satisfação particular com o andar e o carregar necessários para usar os materiais. Conforme cresce e seu desenvolvimento motor se torna estabelecido, a criança não tem mais esse mesmo interesse pelo movimento dos grandes músculos.

Portanto, o equipamento que usa tem uma escala menor e não exige tantas viagens até as prateleiras. Montessori planejou duas outras atividades para auxiliar a criança em seu desenvolvimento motor: o exercício de andar na linha e o jogo do silêncio. Andar na linha e suas variações ajudam a criança a desenvolver o senso de equilíbrio (carregando um copo de água em uma bandeja), o controle de movimento (correr mais depressa; andar o mais devagar que puder) e a consciência do lado direito e esquerdo (carregar uma bandeira na mão direita). O jogo do silêncio desenvolve o controle do movimento e a consciência do "eu" em relação ao espaço e aos outros. Ele também traz a consciência do som para a criança e estimula seus poderes de observação do ambiente. Talvez porque incentive a quietude interna e a busca do "eu", ele pareça promover também os poderes criativos da criança.

Depois que todas essas quatro áreas – os exercícios de vida prática, os materiais sensoriais, o desenvolvimento da linguagem e o desenvolvimento motor – tiverem contribuído por alguns meses para a preparação da criança à exploração da linguagem, a professora dá início a atividades mais diretamente relacionadas à linguagem escrita. Ela começa oferecendo à criança uma oportunidade de explorar os sons de modo mais consciente do que teria encontrado aleatoriamente em seu ambiente. O objetivo da professora é ajudá-la a estabelecer a consciência dos sons específicos como preparação para uma introdução do símbolo que o representa. A professora pode fazer o som "mmmm" e depois pronunciar palavras com esse som (p. ex., mãe, mês, algum) e convidar a criança a pensar em algumas palavras também. Isso é feito casualmente em momentos de intervalo, mas certo dia, quando a professora tem certeza de que a criança conhece o som "mmmm", ela pode dizer: "Você sabe que pode *ver* o 'mmmm' e, na verdade, que pode *senti-lo*?" É nesse momento que introduz a primeira letra de lixa para a criança. Isso é feito individualmente a fim de aproveitar ao máximo a oportunidade de dramatizar para a criança o poder e o mistério desse símbolo que levará à comunicação escrita.

As letras de lixa são letras cortadas em lixa e montadas em placas lisas com aproximadamente 15 cm de altura. As vogais são montadas em placas vermelhas e as consoantes em placas azuis. Mais tarde, a distinção entre vogais e consoantes será construída sobre essa primeira base visual. Só o som da letra é dado para a criança (o nome de uma letra não serve de nada para uma criança de 3 anos, embora em algumas culturas essa seja a primeira informação que ela receba). A lixa serve para controlar os movimentos da criança quando sente a letra, pois sabe pelo toque quando escorregou da letra para a placa lisa. O controle do erro relativo à direção e ao lugar da letra também resulta do fato de elas serem coladas em tábuas alongadas, pois a criança pode ver quando colocou a letra do lado errado ou de cabeça para baixo. As letras estão em escrita cursiva porque o movimento da mão sobre elas pode fluir melhor, ao contrário dos movimentos abruptos necessários para as letras bastão. Isso dá à criança um movimento mais natural para a escrita, a atividade que antecede a leitura. Além disso, há uma ligação mais natural da mão e da mente na formação das letras cursivas e, portanto, elas são mais facilmente gravadas na memória da criança. As crianças fazem uma transição muito natural de letras cursivas para as letras bastão no momento em que começam a ler, o que pode acontecer entre 5 e 7 anos ou, para algumas crianças, um pouco mais tarde. Uma letra é colocada em cada placa a fim de isolá-la das demais. Esse princípio do isolamento do novo conhecimento, que permeia toda a educação Montessori, ajuda a criança a se focar em uma nova descoberta. Portanto, não há barbantes com letras nem o alfabeto na sala, nesse estágio.

 A professora primeiro traça a letra *m* com os dedos indicador e médio da mão dominante, pronunciando simultaneamente o som "mmm". Esse é um movimento muito lento e deliberado. Se isso for uma ação puramente mecânica, a criança pode se interessar ou não. A professora deve tentar, portanto, recapturar parte de sua própria sensação por essas chaves da linguagem a fim de que a criança possa reconhecer seu potencial. Ela convida a criança a traçar a letra e pronunciar o som "mmm". ("Você também pode tocar", "Agora você sabe como é o 'mmm'. E também existem outras letras!" Como sempre, a professora trabalha com base no que a criança conhece para o desconhecido e deixa um depósito sobre o qual construir a próxima descoberta.) Ao traçar a letra com o indicador de sua mão dominante, a criança constrói uma memória muscular da forma da letra que algum dia irá escrever. Se tiver uma tendência a pressionar muito, a professora lhe diz para mover os dedos de leve sobre a letra, para fazer cócegas, incentivando assim a leveza de toque necessária para a escrita. Diversos jogos, como traçar as letras no ar ou traçá-las com os olhos vendados, ajudam a criança a consolidar o movimento das letras. A criança não é incentivada a escrever as letras aprendidas no papel nem a ler palavras com elas nesse ponto. O exercício com as letras de lixa é uma exploração do som da língua e da forma do símbolo para esse som; não é um exercício de escrita. Alguns educadores já tentaram alcançar crianças mais velhas com as letras de lixa; contudo, deve ser mencionado que essas letras foram planejadas para uso durante o período sensível da criança ao toque e ao som. Isso significa que são de pouca valia para muito além dos 4 anos. Se as letras e seus sons tiverem de ser introduzidas em uma idade posterior, outras ferramentas, baseadas nos períodos sensíveis da criança dessa idade, devem ser criadas para apresentá-las.

Depois de 8 ou 10 letras terem sido usadas desse modo, e o som e o símbolo estarem firmemente ligados na mente por meio da lição em três tempos de Séguin (sempre usada em Montessori para garantir que a aprendizagem ocorreu), o alfabeto móvel é apresentado. Ele é formado por uma caixa dividida em compartimentos individuais contendo letras de papelão que formam o alfabeto, com as consoantes em azul e as vogais em vermelho. O alfabeto móvel capacita a criança a reunir símbolo e som a fim de tornar visível sua própria linguagem. A professora diz uma palavra fonética com três letras, como "mar", escolhendo cada letra conforme faz o som e colocando-as juntas da esquerda para a direita em um tapetinho. Esse material não é usado para incentivar a leitura ou a escrita, apenas para a produção mecânica das palavras da criança e, mais tarde, de suas frases e sentenças também. Reunir os símbolos mentalmente, como necessário na leitura, é uma tarefa difícil demais nesse estágio, e a criança também não escreve ainda com papel e lápis. Os pais são educados a entender que não se espera que a criança leve trabalhos para casa nessa idade, pois o trabalho da criança pequena é interior.

Conforme a criança começar espontaneamente a compor pequenas histórias com o alfabeto móvel, precisará de palavras que não saberá falar foneticamente. A professora então lhe oferece diretamente a palavra que ela quer, sem tentar ensinar as dificuldades da ortografia. Também não há nenhuma tentativa de corrigir palavras que não estejam escritas corretamente, mas com que a criança esteja satisfeita. A ideia aqui é apenas incentivar a criança a expressar seus próprios pensamentos.

Simultaneamente, com a introdução das letras de lixa e do alfabeto móvel, é apresentada outra peça do equipamento. Os encaixes metálicos, projetados para contribuir com o desenvolvimento das habilidades de escrita mecânicas, são armações metálicas vermelhas com encaixes azuis, ambos de formas geométricas: círculo, triângulo, trapézio, pentágono, quadrifólio etc. A criança pega a armação e o encaixe que deseja usar, um pedaço de papel quadrado do tamanho da armação e três lápis coloridos. Ela traça a armação com um lápis colorido, fazendo a forma geométrica da armação. Em seguida, põe o encaixe nessa forma recém-desenhada e, pegando outro lápis, desenha em volta do encaixe. A forma agora está delineada em duas cores separadas. Depois, são desenhadas linhas de cima para baixo e de lado a lado, até que a forma esteja completamente coberta com a terceira cor. Posteriormente, a criança usa vários encaixes em conjunto, sobrepondo figuras geométricas diferentes e criando desenhos originais. O objetivo dos encaixes é desenvolver principalmente o controle muscular necessário para manejar um lápis, ficar dentro de um traçado e mover-se com leveza pelo papel em um movimento controlado. Os encaixes metálicos concluem a possibilidade para uma explosão na escrita, já que a criança agora sabe as letras, pode compor palavras e orações e tem o controle necessário dos movimentos da mão.

Há uma quarta área desenvolvida ao longo de todo esse período que tornará a explosão mais significativa para a criança quando isso acontecer: a área de enriquecimento vocabular de palavras escritas. Os cartões de imagens correspondentes a todas as áreas já exploradas anteriormente em um nível sensorial são agora etiquetados. Em um conjunto de cartões, as etiquetas são impressas abaixo das imagens. Outro conjunto não tem etiquetas impressas, mas há etiquetas em branco na mesma caixa. A professora pega um conjunto desses e escreve a etiqueta para cada imagem correspondente, enquanto a criança observa. Depois dessa introdução, a criança pode combinar as suas próprias etiquetas, usando os cartões já etiquetados para verificar o seu trabalho. A professora sempre escreve as etiquetas da criança durante a primeira apresentação, o que ajuda a fixar a palavra em sua mente, além de expô-la à formação correta das letras e apresentar-lhe a possibilidade da escrita por si mesma. Também são feitas etiquetas para todos os objetos no ambiente. Todos os materiais de vocabulário são feitos pelo professor, e a sua engenhosidade e dedicação na produção de um grande número deles determinarão, em grande medida, o interesse contínuo da criança em palavras escritas nesse estágio.

Haverá um momento em que a criança não vai querer desmontar a sua história, como é preciso, quando a formou por meio das letras móveis.

Trata-se da motivação natural que produz a transição do alfabeto móvel à escrita. Ela vem dos próprios desejos da criança, não dos desejos do professor ou do pai. Essa autopropulsão da criança em direção ao desenvolvimento da escrita não deve sofrer interferência dos anseios nem dos elogios dos adultos. Quando a criança é exposta ao ambiente apropriado, a escrita desenvolve-se tão naturalmente como a linguagem oral se desenvolveu em um período anterior. Isso deve ser tratado de forma natural.

Na mesma época, que pode ser aproximadamente seis meses depois da introdução do alfabeto móvel, a criança percebe que não só é capaz de dizer "m-a-r", produzindo cada som separadamente, mas também que está apta a dizer "mar", uma palavra com o som sintetizado que pode ser experimentado como um todo. Até esse momento, a criança que trabalhava com o alfabeto móvel perguntava à professora: "Eu fiz 'céu'?". Agora ela diz: "Venha ver! Fiz 'céu'!" Esse é obviamente um momento de grande empolgação para a criança. Ela literalmente "descobriu a leitura". Trata-se de um excelente exemplo do equipamento Montessori trazendo à consciência uma habilidade já adquirida pela criança. Ela tinha o poder de sintetizar a palavra antes de saber que podia fazê-lo. "Eu não sabia que sabia isso!" é uma frase muito ouvida nas salas de aula Montessori. Assim, a criança desenvolve um senso de maravilhamento diante de seus próprios poderes, e esse maravilhamento torna-se uma força motivadora para novas aquisições.

Às vezes, acontece de a criança precisar de pouca ajuda na transição de ver as palavras que produziu como um todo. Nesse caso, a professora forma uma palavra com o alfabeto móvel e diz: "Será que você pode encontrar uma destas para mim?" ou "Pode me falar sobre isto?" Ela toma o cuidado de não dizer: "Será que você pode *ler* isto?" Se a criança estiver pronta, o pedido normalmente lhe oferece a dica que a levará para a sintetização.

A criança Montessori, então, não aprende a ler em livros, mas por meio de um processo longo de preparação indireta. Quando pega um livro para ler, já sabe como fazer isso. Isto é muito importante para a resposta inicial da criança aos livros. Quem quer ler "Veja, Jane, veja. Venha e veja. Você me vê."? O primeiro encontro de uma criança com um livro que ela vai ler sozinha deve envolver aqueles que ela achará dignos de exploração, o que só pode ser realizado se a leitura dos livros for deixada para o último ato da história.

Quando a professora sabe que uma criança lê as palavras que montou com o alfabeto móvel, ela lhe apresenta a caixa de reconhecimento fonético. Esse jogo inicialmente envolve uma pequena caixa com objetos fonéticos de três letras como mar, céu, pão etc. A professora escreve a palavra "mar" em um pedaço de papel e diz: "Pode me dar o que eu quero?" (novamente, ela não diz: "Você pode *ler* isto?"). A etiqueta e o objeto são então combinados, pronunciando-se cada etiqueta com a ação de combinação. Depois que todas as etiquetas foram feitas, a criança pode usar o jogo sozinha. Muitos desses jogos de objetos devem ser organizados pela professora, pois, quanto mais conhecimento se põe à disposição da criança, mais ela é estimulada a explorar a linguagem.

Após a caixa de reconhecimento fonético ser apresentada, duas novas ideias são introduzidas: fonogramas e "palavras quebra-cabeças". Os fonogramas são introduzidos por meio da caixa de reconhecimento fonético. Os objetos fonéticos usuais são apresentados, mas o último objeto na caixa contém um fonograma como em "nha". Apenas um objeto fonético é apresentado, mais uma vez preservando o princípio do isolamento do novo conhecimento. A professora explica: "Algumas vezes, quando as letras ficam juntas, fazem um som diferente. Elas são amigas e produzem uma coisa nova para cada uma delas." Então, ela escreve *nh* na etiqueta com uma cor e *a* em outra. Duas caixas de alfabetos móveis menores são apresentadas então: uma amarela e outra verde. A professora começa o fonograma *nh* e diz: "Você consegue pensar em mais palavras com *nh*?" Eles exploram o alfabeto, usando as vogais e consoantes para fazer novas palavras com o som *nh*, inclusive as que têm *nh* em qualquer outro lugar da palavra. O dicionário pode ser usado para ver se de fato uma palavra verdadeira foi feita nessa exploração. Cartões e livretos de fonogramas também são preparados e podem ser usados pela criança sozinha ou com outras. Dificuldades adicionais são introduzidas por meio dos jogos de objetos ou da palavra quebra-cabeça. Cartões de "palavras quebra-cabeças", como navio, rio, fio, são reunidos em envelopes etiquetados com a família que será apresentada, como *io*, *ai* etc. e, mais uma vez, os cartões de imagens e as etiquetas são os recursos usados para identificação. Outros envelopes contêm palavras como aço, tosse, fixo etc. A professora não tenta explicar as causas dessas irregularidades nessa idade. O período sensível para a origem das palavras ocorre em algum momento entre 6 e 9 anos, e é então que as raízes das palavras são exploradas.

Cartões de imagens por categorias são apresentados nesse ponto (só répteis, só mamíferos, só formas geométricas etc.; e, depois, partes de répteis, partes de mamíferos etc.). Também são apresentados cartões de definição: uma definição como "uma ilha é um corpo de terra rodeado por água" é combinada com a imagem de uma ilha. A criança já se familiarizou com essas definições anteriormente, em um nível concreto. Por exemplo, os conceitos de ilha, istmo, península etc. já foram apresentados sensorialmente um ano ou mais antes por meio do material de geografia. Foram preparadas bandejas com argila representando a forma de terra a ser identificada. A criança derramava água na bandeja e, assim, formava sua própria ilha etc. A seguir, ela experimentou uma ilha de modo abstrato por meio dos desenhos em um dos jogos de combinação de cartões de imagens. Finalmente, ela encontrou a própria definição por meio do jogo de cartões de definição.

As crianças agora têm entre 5 e 7 anos e já estão em uma sala de aula montessoriana há três ou quatro anos. Isso significa que alguns estão no nível júnior de 6 a 9 de Montessori, equivalente aos primeiros anos do ensino fundamental em uma escola tradicional. Durante todo esse tempo, sempre houve um lugar especial na sala para leitura – um lugar confortável e atraente com tapetes no chão, cadeiras de balanço e muitos bons livros. Todas as crianças olham os livros de tempos em tempos, e as que estão familiarizadas com palavras podem ler sempre que quiserem. É algo comum ver uma das crianças mais velhas lendo em voz alta para uma ou mais crianças de 3 anos.

Uma exploração das funções das palavras é iniciada então com as crianças que estão prontas, e essa é a primeira vez em que a frase "introdução à leitura" é usada em Montessori. Tudo que aconteceu antes foi simplesmente uma base para essa introdução. A exploração é realizada por meio de um equipamento que exibe a função das palavras. Um dos equipamentos usados tradicionalmente nas escolas Montessori é um modelo completo de fazenda com todos os seus elementos. Uma cidade modelo, com fábrica, loja e escola, poderia ser usada, mas tem de ser um modelo que apresente a oportunidade de mostrar palavras representando diversas qualidades. Etiquetas pequenas são feitas para cada objeto no modelo. A criança está acostumada com palavras que dão nome às coisas. Agora o conceito *do* cavalo, significando o único, e *de um* cavalo, significando um entre muitos, é apresentado. A seguir, é apresentada a ideia de palavras descritivas. A professora pode dizer: "Me dê o cavalo. Ah, eu não queria dizer esse. Eu quero o cavalo *branco*." Ela escreve "branco" e coloca essa etiqueta depois das etiquetas "o" e "cavalo". (As palavras "adjetivo", "substantivo" e "artigo" não são introduzidas nesse ponto. A intenção é apenas dar a dica de que palavras diferentes exprimem coisas diferentes. Acrescentar mais informações introduziria uma complicação inútil.) Os símbolos são usados para representar as funções das palavras apresentadas: um triângulo preto é colocado sobre o substantivo, um pequeno triângulo azul sobre a palavra modificadora ou adjetivo. Mais adiante, um círculo vermelho apontará um verbo, um círculo laranja menor será o advérbio, e assim por diante para todas as partes do discurso. A criança coloca esses símbolos acima das palavras nas frases ou sentenças que criar. Esses símbolos são usados por diversos motivos. Como a criança ainda está no período sensível para movimento, a mão deve estar envolvida tanto quanto os olhos para que o interesse da criança seja mantido. Além disso, a experiência sensorial dos símbolos ajuda a fixar as funções das palavras na sua mente. Mais tarde, trocar o triângulo preto pela palavra "substantivo" envolverá uma substituição simples com base em um conceito bem estabelecido.

A posição da palavra na frase também é enfatizada no momento de introdução da função das palavras. A professora pode colocar "branco" e "o cavalo", dizendo: "Isso parece certo? Acho que é melhor colocar aqui. 'O cavalo branco'. Assim é melhor". Essa exploração da posição das palavras continua durante toda a aprendizagem da sua função. A criança descobre que, algumas vezes, o sentido permanece e, outras vezes, muda.

Muitos outros jogos são introduzidos para explorar as funções das palavras: as caixas dos mistérios, para ensinar as formas do singular e do plural; um jogo de detetive, jogado com as etiquetas dos materiais na sala ("Encontre o menor cubo rosa, o pequeno triângulo escaleno azul com ângulo reto"); as caixas de comando (a criança lê *silenciosamente* pedaços de papel com comandos impressos e executa a ação) e as caixas de comando que introduzem verbos transitivos e intransitivos (corra – um comando que não envolve nenhum objeto direto; beba um copo de água – um comando que envolve um objeto direto).

Durante toda a exploração da função das palavras, a criança está lendo sozinha, o que é possível porque o isolamento das dificuldades na preparação prévia teve esse objetivo: quando a criança atinge a leitura, já é capaz de realizá-la de forma plena. Na educação Montessori, a forma plena é chamada de "leitura total". Os exercícios contínuos servem para dar impressões marcantes que levem a criança a observar a importância de cada item em uma sentença – não só o significado de cada palavra, mas sua posição na frase ou sentença. É a experiência contínua da criança com a leitura que lhe confere a base e o interesse por esses exercícios de gramática. Nesse caso, é a leitura que funciona como uma preparação indireta para os exercícios, e não o contrário, como anteriormente.

Agora, a criança passou para o nível júnior de Montessori e está pronta para a nomenclatura da gramática. As palavras "substantivo", "artigo" etc. são introduzidas por meio de uma caixa de madeira dividida em dois compartimentos, um marcado como "artigo" e outro como "substantivo". A criança coloca a palavra "o" no compartimento "artigo" e a palavra "carro" no compartimento "substantivo". Outras caixas incluem adjetivo, verbo, advérbio etc., introduzindo todas as partes do discurso, uma por vez. A análise da sentença é iniciada com o objetivo de ajudá-la a desenvolver seu poder de transmitir exatamente aquilo que deseja ao escrever. Essa análise é realizada, a princípio, dividindo as sentenças em palavras e colocando o sujeito em um disco preto com uma flecha de madeira preta na qual as frases "O que é? Quem é?" estão gravados, apontada para o sujeito. A seguir, vem um disco vermelho no qual se coloca o verbo; e perto dele está outra flecha preta que diz "Quem? O quê?", apontando para um disco preto em que o objeto direto deve ser colocado. Essa análise de sentenças continua, gradativamente, introduzindo sentenças cada vez mais complicadas (isto é, as que têm cláusulas de origem, tempo, propósito ou modo, cláusulas atributivas etc.). A análise estabelece uma boa base para a diagramação e a composição de sentenças e para a exploração dos estilos de escrita de vários autores.

Como foi exposta a tanta informação no ambiente Montessori, a criança agora é capaz de produzir muitas composições sobre muitos temas diferentes: história, natureza, geografia, música etc. É a preparação prévia muito cuidadosa por meio do ambiente Montessori que torna possível um enorme florescer da escrita criativa em uma idade tão tenra. Essa escrita e o nível de leitura avançado a que ela dá acesso surgem como uma expansão natural dos poderes da criança em uma sala de aula montessoriana. Essa expansão ocorre também em todas as outras áreas de conhecimento e, em todos os casos, o procedimento é o mesmo. As necessidades da criança em seus períodos sensíveis são combinadas com uma preparação indireta para satisfazê-las. É o que torna possível para a criança em uma sala de aula Montessori construir uma base sobre a outra, em uma extensão cada vez maior para a autoconstrução.

Capítulo 6

Por que adotar o método Montessori?

MONTESSORI JÁ FEZ uma grande contribuição à educação na Europa e na Ásia, mas seu trabalho continuou pertinente e foi além dessas fronteiras. A revolução que as descobertas tecnológicas e biológicas provocaram resultou em mudanças sem precedentes nos estilos de vida das pessoas. A abastança e os luxos para uma grande parcela da população, a comunicação instantânea por meio da mídia eletrônica via satélites mundiais, a preservação e o prolongamento da vida humana, as possibilidades que agora estão sendo exploradas de reprodução artificial e modificação dessa vida, a superpopulação e a poluição da terra, e a sempre presente ameaça de destruição total provocada pelo próprio homem – todos esses problemas atuais exigem uma resposta totalmente diferente à vida do que as dadas pelo homem até agora. Torna-se cada vez mais óbvio que a educação tradicional, baseada como é na transmissão aos alunos das respostas de outra época, não é mais suficiente. Para que os jovens possam enfrentar o desafio de sobrevivência que têm hoje pela frente, é imperativo que sua educação desenvolva, na mais ampla extensão possível, o seu potencial para criatividade, iniciativa, independência, disciplina interior e autoconfiança. Esse é o foco central da educação montessoriana.

Além desse objetivo geral, existem diversas áreas em que a abordagem Montessori pode trazer contribuições específicas à nossa cultura. Uma dessas áreas é a atitude montessoriana em relação ao trabalho. O próprio cerne da filosofia e do método Montessori é sua abordagem do trabalho da criança e do adulto. Por "trabalho", Montessori não se refere a nenhum ato mecânico, mas à atividade física e mental escolhida livremente por um indivíduo – uma atividade que tem significado para ele porque promove seu próprio crescimento ou contribui para a sociedade. Montessori acreditava que essa atividade era natural para a criança e a mais importante influência em seu desenvolvimento. "Vamos liberar a criança do trabalho? Essa tentativa seria como desenraizar uma planta ou tirar um peixe da água."[1] Não levamos a sério o instinto da criança pequena para o trabalho em nossa cultura. Em vez disso, nós a incentivamos a brincar o dia inteiro. Mesmo que uma criança pequena vá para a pré-escola, supõe-se que não estará diretamente motivada para o desenvolvimento intelectual e que será guiada para tal sem que esteja ciente do que está acontecendo. Compare a atitude de Montessori diante do trabalho para crianças pequenas com a atitude implícita em um folheto para salas de aula de pré-escola do programa Head Start em uma grande cidade do Meio-Oeste norte-americano. Trata-se de uma atitude bastante comum.

Para uma criança de 4 anos, as aulas da pré-escola são divertidas

Brincar na casinha de bonecas. Construir com blocos e alegremente vê-los cair no chão com barulhos fortes que até assustam a professora.

Jogos ao ar livre com bolas e cordas de pular. Caminhadas. Momentos quietos ouvindo músicas calmas. Hora de histórias com livros, imagens e flanelógrafos. Marchar ao ritmo de uma banda.

Conversar com coleguinhas, falar com a professora, aprender, partilhar, cuidar.

Uma manhã ou tarde cheia de diversão acontece, e cada criança experimentou alguma coisa nova.

Sem que a criança saiba, a professora e a ajudante a guiaram sutilmente no desenvolvimento da linguagem, habilidades perceptivas, controle motor, atividades criativas e comportamento social. [...]

A pré-escola pode parecer divertida aos olhos de uma criança de 4 anos, mas é realmente uma experiência de aprendizagem muito especial. [Itálicos da autora.]

Recentemente, têm havido sinais de uma mudança na ênfase exagerada do brincar para as crianças muito pequenas. Isso se deve em parte à pesquisa sobre o desenvolvimento cognitivo dos bebês. Estudos realizados por Jerome Bruner, do Institute of Cognitive Studies (Instituto de Estudos Cognitivos) da Universidade de Harvard, e por Jean Piaget, do Institute of Educational Science (Instituto de Ciência Educacional) da Universidade de Genebra, e além de outros, apresentaram evidências da grande capacidade de aprendizagem dos bebês. O homem, sendo quem é, pode usar esse novo conhecimento para avançar na realização e na felicidade da criança, proporcionando-lhe ambientes melhores que supram suas necessidades, ou pode usar essas informações para exigir mais do que o adulto espera da criança em uma idade ainda mais tenra.

A meta das exigências adultas para o bebê pode se tornar cada vez mais alta, e o bebê ser ensinado a saltar cada vez mais alto na direção dela, exatamente como aconteceu com crianças mais velhas. O perigo dessa exploração é muito real em nossa sociedade atual, em que uma reação contra alguns dos excessos insensatos permitidos à criança está ameaçando ganhar impulso. Isso poderia levar a perigos ainda maiores para a vida da criança pequena do que a crença anterior de que tudo que ela queria ou, realmente, deveria estar fazendo era brincar o dia inteiro. Se essa ênfase mal conduzida no trabalho ocorrer, a filosofia de Montessori pode funcionar como uma influência equilibradora. Ela leva em conta o instinto da criança e a necessidade legítima de uma atividade com objetivo, mas, porque essa atividade é construída sobre a base dos próprios desejos e necessidades dela, e não permite a exploração dos talentos da criança pelo adulto.

Montessori também é pertinente quando se fala sobre o trabalho no mundo adulto. Tradicionalmente, os educadores nos Estados Unidos, por exemplo, não atuaram sobre o instinto da criança pequena para o trabalho nem entenderam a natureza desse instinto. Entretanto, no passado, nossa cultura teve algum conceito do significado do trabalho na vida do adulto. A partir dos anos 1960, a ênfase nesse significado mudou e se deteriorou. O trabalho passou a ser visto como importante principalmente na busca por *status*, dinheiro e bens de consumo – satisfações relativas que estão sujeitas a constante perturbação pela exposição aos que têm muito ou ainda a estímulos de publicidade para buscar sempre mais. Como resultado, nunca na história do homem uma nação inteira teve tanta necessidade de uma apreciação renovada do significado do trabalho. A educação Montessori, com sua compreensão da força geradora e regeneradora na vida humana, é unicamente adequada para ajudar a satisfazer essa necessidade.

Como nossa sociedade colocou em perigo a vida de todo o planeta, e talvez do próprio universo, com nosso desrespeito diante das leis da natureza, a abordagem montessoriana da natureza tem importância especial para a cultura atual. Montessori considerava a interdependência do homem e da natureza como física e espiritual.

> Mas se, para a vida física, é necessário que a criança seja exposta às forças vivificadoras da natureza, também é necessário, para sua vida psíquica, que a alma da criança seja colocada em contato com a criação.[2]

No mundo de hoje, as crianças não têm esse relacionamento necessário com a natureza.

> No entanto, em nossa época e no ambiente civilizado de nossa sociedade, as crianças vivem muito distantes da natureza e têm poucas oportunidades de entrar em contato íntimo com ela ou de experimentá-la diretamente [...] Nós todos nos tornamos prisioneiros voluntários, terminamos por amar nossa prisão e transferir nossos filhos para ela. A natureza, pouco a pouco, foi restrita, em nossa concepção, ao cultivo de flores e aos animais dos quais dependemos para alimento.[3]

Não é difícil entender que a criança criada em tal distanciamento da vida natural cresça para se tornar um adulto que saqueia, polui e destrói a natureza sem nem ao menos ter consciência do que está fazendo. Botânica, zoologia e o estudo das formas da terra são parte essencial do currículo de Montessori, e muitas crianças de 6 anos em uma sala de aula montessoriana sabem mais sobre a classificação das plantas e o cuidado dos seres vivos do que a maioria dos adultos. Assim, a criança em uma sala de aula Montessori está bem preparada para se tornar um adulto ecologicamente responsável.

Montessori levou a natureza para a sala de aula, mas, o que é ainda mais importante, ela acreditava na importância de a criança viver na natureza.

> Porém, a ideia de *viver* na natureza é a aquisição mais recente da educação. Sem dúvida, a criança precisa viver naturalmente e não apenas conhecer a

natureza. O fato mais importante realmente é a libertação da criança [...] dos vínculos que a isolam na vida artificial criada ao se viver nas cidades.[4]

Um programa moderno que segue a crença de Montessori é o de Outward Bound. Trata-se de um programa para jovens de 16 anos ou mais, de todas as classes sociais, em uma experiência única de 26 dias em algumas das áreas de natureza mais remotas dos Estados Unidos. O participante vive com a natureza em sua forma mais crua, geralmente com um grupo de 9 a 12 participantes, mas, por pelo menos três dias, totalmente sozinho e, com isso, chega a uma compreensão melhor da natureza, dos outros seres humanos e de si mesmo.[5] A combinação de uma escola Montessori e um programa Outward Bound seria um experimento fascinante em educação contemporânea.

Outra área em que a abordagem de Montessori é especialmente significativa hoje diz respeito à vida em família. Montessori enfatizava a família como a unidade natural para a criação e a proteção da criança e destacava, em especial, a relação única da mãe com a criança, desde o nascimento. Em nossa sociedade, na qual a vida em família tem se reduzido e enfraquecido rapidamente, o apoio à família é muito necessário. A inclusão dos pais na vida da sala de aula Montessori e a orientação que recebem para desempenhar seu papel em casa parecem ser especialmente significativas (*ver* Apêndice). Além disso, o conceito da família como uma unidade estendida é um ponto válido em uma época na qual avós, tias, tios e primos raramente fazem parte da vida familiar diária.

A ênfase de Montessori na infância como outra dimensão da vida humana é outro princípio importante atualmente. Nossa sociedade, tão concentrada em um ritmo alucinado de produção e realizações a qualquer custo, precisa desesperadamente trabalhar em relação ao equilíbrio que provém de se ver o mundo pelos olhos da criança. A criança, como todos os seres vivos, tem suas próprias leis naturais. Reconhecê-las e ajustar nosso ritmo e andamento a elas é benéfico para o adulto, que perdeu grande parte de seu próprio ritmo natural de ser. O respeito pelas necessidades de uma criança pode nos ajudar a redescobrir as nossas próprias, o que, por sua vez, pode nos tornar mais tolerantes às necessidades dos idosos. Assim, todo o ciclo da vida humana ganha em dignidade e entendimento. Se nossos olhos se voltassem de forma mais consistente para as crianças, como Montessori aconselhava, simplesmente não faríamos as coisas desumanas que fazemos a elas, à natureza, aos outros e a nós mesmos.

Com a ênfase no desenvolvimento do potencial humano, no trabalho, na interdependência do homem com a natureza, na importância da família e no significado da criança para a vida adulta, Montessori é igualmente importante para ricos e pobres. Entretanto, foi sua aplicação aos problemas educacionais em bairros menos favorecidos economicamente que pôde valer a Montessori seu primeiro reconhecimento amplo nos Estados Unidos, por exemplo. Montessori é o único método educacional amplamente conhecido no mundo que teve grande sucesso com populações pobres. As Casa dei Bambini, onde Montessori realizou suas primeiras e importantes descobertas na educação de crianças pequenas, eram, de fato, centros de cuidados infantis que atendiam à área mais oprimida de toda Roma, o bairro San Lorenzo.

Uma das principais razões para o sucesso de Montessori com as crianças pobres pode ter sido sua ausência de expectativa quanto a habilidades pré-aprendidas. Como Montessori iniciou seu trabalho primeiro junto a crianças com rebaixamento cognitivo e, depois, com crianças dos locais mais carentes, não podia pressupor nenhum conhecimento anterior. Ela incluiu em seu método as mais simples experiências de vida: como se lavar, vestir-se, movimentar-se, carregar coisas, ouvir, tocar e ver. Cada habilidade tinha de ser apresentada desde seu início mais primitivo: os músculos eram desenvolvidos para segurar um lápis antes de o lápis ser entregue, um objeto era manuseado antes de receber um nome. Um caminho cuidadoso sempre foi traçado do pouco desenvolvido para o desenvolvido, do concreto para o abstrato. É claro que as etapas são importantes para todas as crianças, que iniciam sua aprendizagem como um bebê com cérebro pouco desenvolvido. No entanto, com as crianças mais carentes, para quem muitas etapas geralmente consideradas naturais estiveram ausentes nos primeiros anos, o passo a passo pode representar a diferença entre o sucesso e o fracasso de uma vida humana.

A ênfase de Montessori no desenvolvimento de uma autoimagem positiva por meio do trabalho e de realização real tem significado especial para as populações carentes. Rodeada por desespero e derrota, como provavelmente será, quase não há maneira de uma criança carente desenvolver confiança na vida nem em seus próprios poderes. Ao alcançar, sozinha, o sucesso com os materiais da sala de aula, ela começa a entender seu próprio valor e talento. A ênfase de Montessori na independência durante a aprendizagem é extremamente importante aqui, pois, para que tenha êxito na vida, a criança desfavorecida economicamente terá de obter sucesso sem os tipos de apoio que a criança de classe média pode receber. Como a pesquisa mostra que a imagem que a professora tem da criança é crucial para o seu crescimento, a crença da professora montessoriana na capacidade da criança para se desenvolver por meio dos materiais também deve ser destacada. Talvez porque Montessori começou fazendo o "impossível" com as crianças, esse espírito de fé continuou a permear sua concepção de educação em um grau único.

Além disso, a beleza e a estrutura do ambiente Montessori têm um significado especial para a criança carente que vive, eventualmente, em meio a desordem e feiura em seu mundo físico. Mais do que as outras, ela pode precisar de beleza, para despertar amor e interesse pelo seu ambiente, e ordem e estrutura por meio das quais encontra propósito e significado na vida.

O mais importante de tudo provavelmente seja o relacionamento que Montessori desenvolve com os pais e que tem significado especial para essas populações. Como o ambiente doméstico, a atitude e as aspirações dos pais têm mais impacto sobre a criança do que qualquer outra influência isolada; o crescimento deles é pelo menos tão importante para a criança quanto sua experiência escolar. Montessori os considerava parceiros na escolarização da criança. Esse reconhecimento do papel legítimo da família na educação pode lhes oferecer uma nova maneira de verem a si mesmos e a escola. A escola não é mais vista como a autoridade que dá ordens para os pais e para a criança. Em vez disso, os pais são convidados à sala de aula. Eles partilham o que acontece ali, as esperanças para o futuro da criança e a sala de aula. A professora lhes demonstra os materiais que o filho usa para aprender e, então, eles têm liberdade para experimentá-los. O procedimento passo a passo, que vai do simples para o complexo, do concreto para o abstrato, faz sentido para eles e eles podem segui-lo do início ao fim, como seu filho faz. A ordem e a beleza simples da sala de aula são aparentes, e o modo como isso ajuda a criança é explicado. Os pais percebem o respeito que a professora tem pelo trabalho de seu filho e a confiança dela na criança. Não há discussão da necessidade de notas ou recompensas, nem da punição física usada *consistentemente* por tantos anos nas melhores escolas modernas em bairros pobres. (Em uma reunião de professores em uma dessas escolas, houve uma longa discussão e uma votação sobre se era melhor usar duas réguas presas juntas ou uma raquete para punição. Para ficar suficientemente chocado e decepcionado, era preciso conhecer pessoalmente os diretores e professores, muito esclarecidos e preocupados, que usavam esses métodos.)

Como já foi visto, Montessori defendia reuniões frequentes com os pais. Essas reuniões são especialmente importantes quando uma professora de classe média ensina em uma escola em um bairro carente, pois lhe possibilitam conhecer os pais enquanto pessoas com sua própria cultura e preocupações. Essas reuniões não são estruturadas como as reuniões bianuais, potencialmente ameaçadoras, de muitas escolas em bairros de baixa renda. Elas são planejadas para serem relaxadas e informais e incluem a ida da professora à casa da criança para tomar parte em atividades com ela e os pais depois da escola. Desse modo, a professora conhece a família como um todo, e os pais têm a oportunidade de buscar a sua ajuda na criação dos outros filhos. É aqui que a professora Montessori pode ter uma influência especialmente benéfica. Os pais de crianças carentes muitas vezes tendem a punir seus filhos pequenos por acidentes ou comportamento exploratório com uma severidade que geralmente não é vista nos lares de classe média. Eles treinam seus filhos para a passividade, sem perceber que estão impedindo o desenvolvimento da sua inteligência. Por meio de sua experiência na sala de aula e da interação com a professora, os pais podem se conscientizar mais e ser mais tolerantes diante da necessidade da criança pequena de explorar seu mundo e tentar fazer coisas sozinha.

Como a educação Montessori é especialmente planejada para ser realizada com assistentes da professora, os pais muitas vezes são levados à sala de aula em uma situação profissional. Quando isso acontece, deve-se enfatizar que os pais não são tratados como ajudantes em muitos ambientes tradicionais, nos quais atuam mais na hora da diversão ou têm o papel de manter a disciplina. Em um ambiente Montessori, a professora tenta dar ao pai-assistente uma compreensão do método e dos materiais de modo que ele possa ser um verdadeiro participante no processo de aprendizagem. Mais uma vez, deve-se enfatizar que isso é possível em um grau único na educação Montessori, porque os assistentes têm sido parte do método desde sua criação. Tradicionalmente, eles têm sido treinados no todo ou em parte pela própria professora, e não se exige conhecimento prévio nem experiência em educação. O uso de assistentes não é limitado aos pais, é claro, e essa também é uma fonte útil de emprego para outros homens e mulheres na comunidade carente.

As próprias comunidades carentes responderam com entusiasmo à educação Montessori, o que é a melhor evidência de que ela tem um significado especial para tais comunidades. Os pais iam às reuniões com a professora e pareciam gostar do contato mais próximo com ela. Eles comentaram sobre Montessori em sua comunidade e outros pais também se interessaram por ela. Quando uma sala de aula Montessori em uma escola pública ia ser fechada por causa de um programa de corte de despesas, foram os pais que tomaram a iniciativa para que a sala continuasse a funcionar. Em uma sala de aula Montessori do programa Head Start onde aconteceu a mesma situação, os pais realmente assumiram a responsabilidade pela classe e a mantiveram em atividade com a ajuda de uma igreja local. O que esses pais gostam na educação Montessori? Aqui estão algumas das respostas que eles deram.

De uma mãe que também ensina em uma sala de aula Montessori:

> Essas crianças têm tantos medos: medo de ser punidas e medo de não terem êxito. Elas nem tentam nada difícil. Têm medo do perigo. Sequer brincam em balanços e escorregadores. Pouco a pouco, na sala de aula Montessori, você pode ver o alívio delas.

(Pensei nas salas de aula das escolas públicas na área que havia visitado: o silêncio opressivo, a inatividade, os olhares furtivos, as respostas papagueadas para a professora ou o visitante, a humilhação de fracassar na frente dos outros e sempre a ameaça de punição por não seguir as ordens constantes: sente direito, não converse com os outros, leia estas páginas, acabe esse trabalho confuso. O que isso faz com uma criança que tem mais medo do que qualquer outra coisa?)

Mais mães:

> Essas crianças precisam ter orgulho de si mesmas e precisam de valores porque elas são negras, especialmente porque são negras.

Meu filho é negro e é muito inteligente. Na sala de aula Montessori, eles aprendem e são ativos. Essas crianças estão se desenvolvendo. Não começaram desse jeito. Alguma coisa aconteceu com elas ali. Isso faz com que elas queiram se desenvolver.

Elas tiveram uma chance de se encontrar quando eram pequenas. Eles não ensinam só leitura, escrita e aritmética como a maioria das escolas. Elas podem ser o que quiserem, até um poeta, quem sabe. Ninguém as obriga. Elas usam *toda* a cabeça.

A professora vai à sua casa. Ela levou três crianças para jantar e, depois, foi com uma delas até sua casa. Ela conhece todas as outras crianças na família. Essas são as *suas* crianças. Para a maioria dos professores, as crianças só estão *na sala de aula deles*.

Essas crianças têm independência. Elas têm ideias próprias, e você não pode mudá-las.

Elas gostam umas das outras. É como se fossem parte umas das outras, em vez de serem quem senta atrás ou do lado. E são gentis umas com as outras. As mais velhas ajudam as mais novas. Não estão competindo.

Tenho medo do que vai acontecer com elas numa classe comum. Algumas não vão se adaptar agora, simplesmente não vão.*

O que eu vi foi que as crianças aqui nessa sala de aula sabem ler, elas *realmente* podem ler. Em vez de brincar com brinquedos do Mickey Mouse, elas estão lendo.

---

* Esta observação exemplifica a consciência até mesmo dos pais carentes sobre as grandes diferenças entre a educação Montessori e a educação tradicional. Na verdade, a maioria das crianças Montessori faz a transição para escolas mais tradicionais sem muita dificuldade. Esta tem sido também a experiência em outras partes do mundo em que as escolas Montessori florescem há muitos anos. Nos Estados Unidos, evidências quantitativas foram coletadas na década de 1970 pela Dra. June Scirra e sua equipe de pesquisa na Universidade de Cincinnati (*ver* Apêndice).

De pais:

Eles ensinam cada criança. Não é só uma creche. Elas realmente aprendem alguma coisa.

Elas aprendem como ser independentes, como se virar sozinhas.

Eles deixam a criança achar o seu caminho. Ninguém lhes diz até onde podem chegar, a grandeza que podem conseguir.

Eles valorizam a criança. Constroem sobre as suas forças. Não é só se conformar, se ajustar e ser controlado.

Na maioria das escolas, você não é ninguém ou não é importante. Essas crianças sabem quem são e descobrem o que podem fazer.

A declaração a seguir sobre Montessori foi preparada por uma jovem mãe viúva, incomumente articulada, com seis filhos, vários dos quais haviam estado em salas de aula Montessori em escolas públicas patrocinadas pelo governo federal por vários anos.

Se tivéssemos o método Montessori e escola para os primeiros anos de vida, e ele fosse aperfeiçoado ao máximo, não teríamos esse problema de evasão escolar que temos agora. O dinheiro não teria de ser gasto com transporte escolar e em programas especiais para essas crianças. O dinheiro estaria con centrado em obter os melhores professores Montessori, talvez enviando alguns dos nossos professores atuais de volta para a escola e dando-lhes treinamento Montessori, depois usar isso, aprender tudo o que pudéssemos e educar nossos filhos, mostrar-lhes que coisa bonita o processo de aprendizagem realmente pode ser. [...] As escolas Montessori mostram – abrem para você, deixam tudo aberto para você – o que está à sua disposição. Você tem a oportunidade de pegar o que quiser, de ir na direção que lhe é gratificante, em vez de alguém ficar dizendo para fazer isto, isso ou aquilo. Bem, quem no mundo (quer dizer, realmente, sendo muito realista) quem no mundo sabe do que você precisa melhor do que você? Se você é uma pessoa bem ajustada, o que a escola Montessori faz – e que, eu acredito, contribui muito – é ajudá-lo a se ver como você é, a se aceitar como é, a se respeitar por suas capacidades, e não se colocar para baixo e se subestimar por não saber tanto quanto o seu vizinho. [...] Acredito que toda criança quer saber. Não acredito que nenhuma criança goste de ter um adulto que fique lhe dizendo o que uma coisa é. A criança é curiosa e, quando são curiosos em idade tão tenra, penso que a sua curiosidade deve ser cultivada. [...] Não me parece que a sociedade esteja pronta para aceitar o fato de que nossos filhos são muito inteligentes e estão sendo atrapalhados por ela, e é por isso que acho importante que as crianças dos bairros pobres tenham a melhor educação, que é a educação Montessori, que incentiva a criança a aprender, a ser curiosa, a ser interessada, a fazer da aprendizagem um belo processo. O jeito antigo, ou o método antigo, não funcionou. É hora de mudar e é hora de mudar agora, ou esse círculo vicioso de tentar reparar os danos dos anos passados será repetido muitas e muitas vezes. [...] Eu vejo a criança Montessori crescendo a partir dos 3 anos, terminando o ensino médio, absorvendo cada pedacinho de conhecimento que é posto na frente dela, sobressaindo-se nos assuntos e nos campos que a interessam mais. Eu a vejo como uma pacificadora, porque é capaz de resolver seus problemas, é capaz de pensar e de raciocinar. Ela não está procurando as respostas nos livros, mas sim está usando seu "eu" interior, que está contido nela. Acredito que a sociedade tem medo de que nossas crianças aprendam demais.

Montessori tem uma contribuição importante a fazer no cenário educacional norte-americano, por exemplo, tanto para crianças de classe média quanto para crianças carentes, mas é possível começar salas de aula Montessori suficientes em todo o país, em especial em sistemas escolares das grandes cidades, para influenciar os métodos educacionais existentes? Existem duas grandes áreas que devem ser discutidas ao considerar os aspectos práticos de aplicar as práticas Montessori à corrente dominante da educação norte-americana: a disponibilidade de professores e a questão dos custos comparativos com outros sistemas educacionais.

Em relação aos professores, existem duas direções a seguir: o treinamento de novos professores ou o retreinamento de professores experientes. Existem vantagens e desvantagens nas duas abordagens, e uma combinação das duas pode ser o procedimento mais eficiente a seguir. Os novos professores, que não têm de desaprender comportamentos antigos, podem aceitar mais prontamente o novo sistema e ser capazes de pôr em prática as crenças e as práticas Montessori. Contudo, pode haver problemas para conseguir o número necessário de novos professores e também para substituir professores que tenham estabilidade no cargo. Para que os professores experientes sejam retreinados, eles terão de ser convencidos de que a educação Montessori é uma abordagem melhor ao ensino do que aquela que conheceram antes. Eles já acham que ganham pouco, trabalham demais, não são reconhecidos e estão em greve em todo o país. Isso não é difícil de entender. Os professores estão desanimados, porque é impossível satisfazerem àquilo que se espera deles. Devem passar os dias na posição exaustiva de ter de controlar e dominar crianças. Devem guiá-las, empurrá-las e puxá-las como um grupo por um currículo determinado. Só os que tentaram tal empreendimento desumano e não natural poderiam apreciar a tensão que isso coloca sobre o professor que deve realizá-lo sem ajuda. O professor experiente pode aceitar bem a oportunidade de aprender uma nova abordagem do ensino que alivie esse fardo absurdo. A experiência até agora tem mostrado que os professores que foram expostos às técnicas e aos materiais sofisticados para a aprendizagem individualizada, oferecidos por Montessori, assim como à prática montessoriana de agrupar crianças em blocos de idade mais amplos (*ver* Apêndice), *ficam efetivamente* interessados nelas.

Em relação ao custo da educação Montessori, existe um mito de que as despesas correntes têm de ser mais altas para Montessori do que para as outras abordagens educacionais. Esse mito se desenvolveu por diversas razões: primeiro, porque o método Montessori existiu principalmente em pré-escolas nos Estados Unidos. As professoras Montessori para crianças de 3 a 6 anos têm tanto treinamento quanto muitas professoras do ensino fundamental e trabalham em período integral quer as crianças estejam ou não na sala de aula o dia inteiro. Portanto, recebem salários relativamente mais altos do que professoras de ensino infantil, que têm menos requisitos em termos de treinamento e que, tradicionalmente, trabalham meio período. Contudo, as professoras Montessori no ensino fundamental recebem o mesmo salário de outras professoras da rede pública e privada.

Em segundo lugar, existe o gasto de uma assistente em uma sala de aula Montessori. No grupo de 3 a 6 anos, não se trata de um custo adicional em relação aos métodos tradicionais porque, na maioria dos Estados norte-americanos, exige-se a proporção de um adulto para oito crianças nos níveis de idades mais baixas em todas as salas de aula. Entretanto, a partir do jardim de infância, a maioria das salas de aula tradicionais no passado funcionaram sem assistentes. Essa situação mudou em muitas escolas de bairros carentes norte-americanos hoje em dia, por meio das verbas federais para esse propósito. Nos locais em que tais verbas não estão disponíveis, assistentes voluntários (pais, irmãos ou estudantes de magistério) poderiam ser assistentes nas salas de aula montessorianas. Como os professores Montessori devem ter um ano de estágio sob a orientação de um professor montessoriano experiente antes de serem diplomados, existem mais alunos de magistério disponíveis para salas de aula Montessori do que haveria em outras situações. As alternativas são funcionar sem um assistente ou ter mais crianças nas salas de aula em que haja um assistente. Embora não sejam ideais, essas alternativas poderiam funcionar razoavelmente bem em qualquer situação. O fato de que a primeira Casa dei Bambini de Montessori começou com mais de 50 crianças e só uma professora sem treinamento algumas vezes é esquecido.

Em terceiro lugar, o equipamento Montessori é tão atraente e bem feito que parece muito mais caro do que é. O custo de um conjunto de material para 30 crianças de 3 a 6 anos é de aproximadamente 1.000 dólares. Esse é o custo atual aproximado de equipar uma escola infantil tradicional, com seus caros trepa-trepas, barcos de balanço, geladeiras e fogões de madeira, utensílios de cozinha, casas de bonecas, bonecas, fantasias, quebra-cabeças etc. Além disso, o equipamento Montessori não precisa ser constantemente substituído e consertado, como o equipamento na maioria das escolas infantis e salas de aula tradicionais, porque ele é meticulosamente construído e porque as crianças são ensinadas a manuseá-lo com cuidado. Os materiais Montessori para criança de 6 a 12 anos não vêm em conjuntos ordenados como o material introdutório. A professora faz uma seleção para satisfazer as necessidades de suas crianças em um catálogo com numerosos materiais. Qualquer que seja a seleção, entre 1.000 e 1.500 dólares equiparão completamente uma sala de aula para 30 a 35 crianças na faixa etária de 6 a 12 anos. Isso representa um montante inicial muito além do que a maioria das escolas públicas nos Estados Unidos gasta com suas salas de aula do ensino fundamental. No entanto, deve-se lembrar de que se trata de uma despesa de capital e não está sujeita a repetição frequente, como ocorre com o custo de livros didáticos, *kits* de ciência etc. Essa é uma despesa também muito mais baixa do que dispositivos tecnológicos, computadores, televisores etc. (e sua manutenção) que passaram a ser defendidos como uma resposta aos problemas educacionais das escolas em bairros carentes.

Depois de discutir a despesa com os materiais Montessori, sua importância relativa para o método também deve ser considerada. É bem possível produzir uma sala de aula Montessori de alta qualidade sem nenhum dos materiais Montessori vendidos no mercado. Na verdade, seria melhor que algumas professoras preparassem seus próprios materiais, especialmente aquelas que já ensinam há muitos anos e que, provavelmente, já contam com seu próprio modo de ensinar. Dessa maneira, elas devem pensar cuidadosamente sobre como vão usar os materiais para aprofundar as metas da educação Montessori.

Quando uma professora é apresentada aos materiais Montessori como um todo, existe o perigo de considerá-los da maneira antiga, isto é, como um currículo predefinido que a criança deve percorrer rigidamente, em vez de simplesmente um meio pelo qual ela pode alcançar independência, autodisciplina e criatividade. Existem salas de aula em que isso aconteceu, e quem as visitou imaginou estar vendo uma sala de aula Montessori. Nada poderia estar mais longe da verdade. É a atitude da professora em relação às crianças e a si mesma que estabelece uma sala de aula Montessori. Se, além dessa atitude, a professora tiver acesso aos materiais Montessori, tudo está muito bem, mas se não tiver, ela pode adaptar o equipamento educacional que está disponível ou pode desenvolver seus próprios materiais. Atualmente, existem muitos instrumentos educacionais que, com poucos ajustes, podem satisfazer os padrões e princípios que Montessori estabeleceu para seus materiais, e equipamentos completamente novos também podem ser desenvolvidos com base em materiais relativamente baratos. Alguns equipamentos muito bons seriam, sem dúvida, criados desse modo, e seria uma abordagem muito compatível com a própria atitude experimental de Montessori.

Embora os custos operacionais não sejam necessariamente mais altos para a educação Montessori, haverá algumas despesas iniciais para que uma sala de aula seja iniciada, para retreinar as professoras, para comprar ou ainda desenvolver materiais. Como desejam uma educação melhor para os filhos, acredita-se que os próprios pais trabalhariam para levantar os fundos necessários. Considerando uma sala de aula por vez, essa não é uma tarefa tão insuperável, e o "poder dos pais" pode ser uma força formidável. As cerca de mil escolas Montessori existentes nos Estados Unidos foram praticamente todas fundadas por meio da energia, dos recursos e da influência dos pais.

Pode ser que os pais estejam rejeitando as questões ligadas às escolas atualmente em parte porque rejeitam o tipo de educação que seus filhos estão recebendo. Talvez não queiram mais do mesmo. Os conselhos de educação bem poderiam considerar dar-lhes algo para votar a favor, em vez de algo para votar contra. Poderiam oferecer-lhes esse método de educação muito inovador, muito visual e facilmente compreensível e do qual seus filhos vão gostar. A resposta pode ser surpreendente. (Lembro-me de uma amiga minha de 9 anos que, quando lhe perguntei o que ela faria se tivesse permissão de fazer o que quisesse na escola, respondeu: "Ir embora!" Quem atualmente quer gastar mais dinheiro para continuar uma experiência educacional em relação à qual seus filhos se sentem desse jeito?)

A educação Montessori não é uma panaceia para os problemas atuais de nossa sociedade, como alguns entusiastas podem querer que acreditemos. É sempre extremamente difícil reproduzir salas de aula de qualidade de qualquer método educacional em larga escala, pois tal empreitada deve ser realizada por seres humanos. Montessori não é exceção. Além disso, a educação Montessori representa basicamente o gênio de uma pessoa que desenvolveu práticas educacionais com base em uma atitude diante das crianças que nunca havia sido experimentada com sucesso antes. Portanto, ela é um esforço pioneiro e não deveria ser considerada a resposta final a essa atitude. Outros métodos igualmente eficientes podem ser desenvolvidos no futuro com base na mesma atitude diante da criança. A filosofia e o método Montessori então merecem o crédito como um início – o primeiro início real – na busca de respostas para a educação e a vida da criança com base em *suas* experiências, não nas nossas. Como tal, elas representam uma excelente base sobre a qual construir a educação do futuro.

Apêndice

Resultados de pesquisa

ATÉ 1964, não havia sido realizado nenhum estudo cientificamente planejado sobre a educação Montessori. Naquele ano, alguns pais em Cincinnati começaram a desenvolver um programa assim. Eles sentiam que era essencial ter provas documentadas dos sucessos que pensavam ver na sala de aula para que Montessori saísse de sua posição histórica às margens do cenário educacional e entrasse na corrente principal. Eles fizeram os arranjos necessários para criar três novas salas de aula Montessori, obtiveram fundos do Office of Economic Opportunity para financiá-las, despertaram o interesse do Departamento de Psicologia da Universidade de Cincinnati em organizar uma equipe de pesquisa e levantaram aproximadamente 100 mil dólares com fundações locais para cobrir as despesas de pesquisa. O projeto da pesquisa era cobrir um período de três anos, com um estudo de acompanhamento a ser feito no sexto ano, quando os sujeitos originais estivessem no terceiro ano. O estudo começou a ser realizado em 1965 e era conhecido como *Cincinnati Montessori Research Project*. O Dr. Thomas Banta, do Departamento de Psicologia da Universidade de Cincinnati, foi escolhido como diretor do projeto.

Depois que o pré-teste e a seleção de aproximadamente 150 crianças para as salas de aula Montessori (comparativa) e salas de controle foram completados, a equipe de pesquisa começou a tarefa de desenvolver testes para usar na avaliação dos resultados das experiências educacionais das crianças. Percebeu-se que os testes usados para determinar a inteligência de crianças pequenas, como o *Stanford Binet* ou o *Peabody Picture Vocabulary*, seriam inadequados como as únicas medidas no estudo. Esses testes, criados para medir respostas adequadas, convencionais e rápidas, não indicariam o desenvolvimento de outras capacidades mais pertinentes à educação Montessori. Os testes desenvolvidos ficaram conhecidos como *Cincinnati Autonomy Test Battery*. "Autonomia" era definida como "comportamentos autorregulados que facilitam a efetiva solução de problemas". Isso significava que diversos pontos fortes da criança tinham de ser medidos. Catorze variáveis foram selecionadas para avaliar os seguintes comportamentos: curiosidade e assertividade, comportamento exploratório, criatividade, comportamento inovador, controle de impulso motor, atenção, persistência, reflexividade, independência de campo e processos perceptuais analíticos. Os testes foram cuidadosamente planejados para não favorecer o método Montessori, e nenhum dos materiais foi usado para que as crianças Montessori não estivessem mais familiarizadas com eles do que as outras crianças.

Nos três anos dos testes, as crianças Montessori tiveram pontuação consistentemente mais alta ou próxima à mais alta em todas as variáveis. Como os resultados foram baseados em testes cuja confiabilidade ainda não estava suficientemente estabelecida e como os resultados nem sempre foram estatisticamente significativos, eles não puderam ser considerados como prova da superioridade de Montessori. Por outro lado, foram suficientemente promissores para incentivar os que haviam organizado o projeto a estendê-lo por mais três anos, em vez de se satisfazer com um estudo de acompanhamento no sexto ano, como pretendido originalmente. Com a cooperação do Cincinnati Board of Education e da Carnegie Corporation of New York, que patrocinaram o componente da pesquisa e boa parte dos gastos de sala de aula, a Sands School Montessori Class e várias salas de aula de controle foram estabelecidas. A Sands School Montessori Class representou uma continuação da abordagem Montessori em um ambiente de primeiro ano em escola pública para aproximadamente 25 crianças das salas de aula Montessori Head Start em várias partes da cidade. Todas as crianças eram sujeitos originais no programa de pesquisa e, em 1970, elas teriam sido acompanhadas durante seis anos contínuos de educação Montessori, dos 3 aos 9 anos. O principal foco da avaliação do segundo período de três anos seria a comparação do desempenho de quatro grupos de crianças: (1) a classe montessoriana, (2) uma sala de aula com alunos de várias idades e séries, (3) crianças com experiência de pré-escola em salas de aula convencionais (com alunos de uma série) e (4) crianças sem a experiência da pré-escola e em salas de aula convencionais (com alunos de uma só série).

O Dr. Banta continuou a ser o diretor de projeto no primeiro ano do projeto recém-organizado. No segundo ano, a Dra. Ruth Gross, do Departamento de Psiquiatria da College of Medicine da Universidade de Cincinnati, assumiu como diretora do projeto enquanto o Dr. Banta estava em licença acadêmica.

No primeiro e no segundo anos, o *Cincinnati Autonomy Test Battery* do Dr. Banta foi novamente usado para avaliação, além de algumas outras medidas acrescentadas no segundo ano pela Dra. Gross. Mais uma vez, as crianças de salas de aula Montessori tiveram as pontuações mais altas ou próximas às mais altas em todas as medidas usadas nesse período de teste de dois anos. Embora se deva reconhecer novamente que a confiabilidade de alguns dos testes usados ainda precisa ser comprovada, a equipe de pesquisa considerou os resultados como "um achado muito promissor para o método Montessori".

Um teste adicional, o *Metropolitan Readiness Test* (teste de prontidão Metropolitan), foi aplicado no primeiro ano do estudo pelas escolas públicas de Cincinnati. Segundo o manual do teste, ele foi "planejado para medir a extensão em que as crianças que iniciavam a escolarização tinham desenvolvido diversas habilidades e capacidades que contribuem com a prontidão para a instrução do primeiro ano". Bonnie Green, uma pesquisadora associada do Departamento de Psiquiatria da College of Medicine, da Universidade de Cincinnati, e membro da equipe de pesquisa, analisou os resultados desse teste: "Em conclusão, no final do jardim da infância, ficou demonstrado que a sala de aula Montessori estava mais madura e pronta para instrução do primeiro ano, conforme definido pelo *Metropolitan Readiness Test*, a sala de aula de controle sem pré-escola era a menos pronta, com classes de alunos de várias idades e séries, e a sala de aula de controle com pré-escola nos segundo e terceiro lugares." Os resultados foram considerados estatisticamente significativos.

No terceiro ano, a pesquisa mudou do teste de variáveis específicas para uma abordagem de entrevista que, embora não fornecesse os dados científicos dos procedimentos anteriores, ofereceu uma oportunidade para que algumas questões subjetivas fossem respondidas. Foram feitos três estudos: um envolveu entrevistas com 40 crianças, dez delas escolhidas randomicamente de cada um dos quatro grupos originais; o segundo estudo entrevistou um número selecionado de mães, representando cada um dos quatro grupos de crianças; e o terceiro incluiu entrevistas com algumas professoras de salas de aula Montessori e professoras que lecionavam em salas com várias séries, inclusive algumas professoras da Sands e dois administradores. Três achados foram particularmente significativos.

Primeiro, o terceiro ano do *Sands School Project Report* afirma que: "As crianças Montessori, como um grupo, parecem muito mais extrovertidas, verbais e bem-arrumadas do que os outros três grupos de crianças. Elas tinham mais a dizer, podiam se expressar melhor e tinham menos problemas de articulação do que as outras crianças. A capacidade avançada das crianças da sala de aula montessoriana para se comunicar, portanto, fazia com que parecessem mais confiantes socialmente, seguras e à vontade na companhia dos adultos do que as dos outros grupos."

Em segundo lugar, "os pais das crianças da sala de aula Montessori pareciam mais comunicativos em geral do que os dos outros grupos e mais bem-informados a respeito dos objetivos do ensino". Por causa da maneira como as crianças foram selecionadas para as salas de aula, os pesquisadores achavam improvável que os pais já fossem mais comunicativos e informados sobre processos educativos antes de seus filhos entrarem para a sala de aula Montessori. É razoável supor que o contato próximo com a família, que é uma parte essencial do método Montessori, tenha tido algum impacto sobre eles e que esta seja uma área que valeria a pena examinar em pesquisas futuras.

Em terceiro lugar, "enquanto os outros professores expressavam a preocupação quanto ao desenvolvimento individual das potencialidades, os professores montessorianos pareciam ter mais experiência e sofisticação na individualização da aprendizagem. Se a educação convencional aceitar a aprendizagem individualizada como um valor positivo, este pode ser um ponto pelo qual o método Montessori estaria apto a penetrar na corrente principal da educação".

Outro programa de pesquisa foi desenvolvido no início da década de 1970 para investigar mais as áreas sugeridas pelos resultados dos últimos seis anos do estudo de pesquisa e, em particular, para descrever os processos reais que ocorrem na sala de aula Montessori. A equipe de pesquisa, então sob a direção da Dra. June Scirra, examinou as primeiras pontuações de teste desde o primeiro ano de avaliação a fim de compará-las com o desempenho no ensino fundamental. Esse estudo de longa duração é o primeiro esforço sistemático para avaliar objetivamente os efeitos duradouros de Montessori em comparação com outros métodos educacionais.

Notas

Prefácio
1. Dorothy Canfield Fisher, *The Montessori mother*, pp. xiv-xvi.
2. E. M. Standing, *Maria Montessori: her life* and *work*, p. 59.

Capítulo 1
1. Standing, *op. cit.*, p. 11.
2. Montessori, *The Montessori method*, pp. 38-9.
3. *Ibid.*, p. 33.
4. *Ibid.*, p. 41.
5. Montessori, *The secret of childhood*, p. 129.
6. *Ibid.*, p. 114.
7. *Ibid.*, p. 129.
8. *Ibid.*, p. 133.
9. *Ibid.*, p. 134.
10. *Ibid.*, p. 156.
11. Montessori, *The discovery of the child*, p. vi.
12. William Kilpatrick, *The Montessori system examined*, pp. vii-ix.
13. *Ibid.*, p. 62.
14. *Ibid.*, pp. 62-3.
15. *Ibid.*, p. 41.
16. *Ibid.*, p. 20.
17. *Ibid.*, pp. 15-6.
18. *Ibid.*, p. 20.
19. *Ibid.*, pp. 27-8.
20. *Ibid.*, pp. 28-9.
21. *Ibid.*, pp. 34-5.
22. *Ibid.*, p. 42.

23. *Ibid.*, p. 45.
24. *Ibid.*, pp. 49-50.
25. *Ibid.*, p. 52.
26. *Ibid.*, pp. 47-8.
27. *Ibid.*, pp. 21-2.
28. *Ibid.*, pp. 58-9.
29. *Ibid.*, p. 55.
30. *Ibid.*, p. 58.
31. *Ibid.*, p. 60.
32. *Ibid.*, p. 40.
33. *Ibid.*, pp. 63-4.
34. *Ibid.*, pp. 65-6.
35. Montessori, *Spontaneous activity in education*, p. 64.
36. Montessori, *What you should know about your child*, p. 130.
37. H. F. Harlow, "Mice, monkeys, men and motives", pp. 29-30.
38. J. McV. Hunt, "The epigenesis of motivation and early cognitive learning", p. 365.
39. *Ibid.*, p. 366.
40. Jean Piaget, *The psychology of intelligence*, p. 119.
41. Jean Piaget e Barbel Inhelder, *The psychology of the child*, p. 5.
42. Piaget, *op. cit.*, p. 123.
43. Piaget e Inhelder, *op. cit.*, p. 153.
44. Para outros experimentos, *ver* Donald W. Fiske e Salvatore R. Maddi, *Functions of varied experience*.
45. Piaget e Inhelder, *op. cit.*, p. 13.
46. *Ibid.*, p. 149.
47. Piaget, *op. cit.*, pp. 150-1.
48. Rudolf Arnheim, *Visual thinking*, pp. v, 264.
49. *Ibid.*, p. 13.
50. *Ibid.*, p. 205.
51. *Ibid.*, pp. 300-1.

Capítulo 2

1. Standing, *op. cit.*, p. 348.
2. Montessori, *The child in the church*, p. 7.
3. *Ibid.*, pp. 7, 9.
4. *The discovery of the child*, p. xiv.
5. *What you should know about your child*, p. 25.
6. Montessori, *The absorbent mind*, p. 140.
7. *The secret of childhood*, p. 103.
8. *The absorbent mind*, p. 86.
9. *Ibid.*, p. 146.
10. *Ibid.*, p. 147.
11. *Ibid.*, p. 83.

12. *Ibid.*, p. 97.
13. *The secret of childhood*, p. 44.
14. *Ibid.*, p. 58.
15. *Ibid.*, p. 87.
16. *Ibid.*
17. *Ibid.*, p. 82.
18. *Ibid.*, p. 207.
19. *The absorbent mind*, p. 25.
20. *Ibid.*, p. 117.
21. *What you should know about your child*, p. 54.
22. *The absorbent mind*, p. 165.
23. *The secret of childhood*, p. 208.
24. *The absorbent mind*, p. 92.
25. *The secret of childhood*, p. 212.
26. *Ibid.*, p. 211.
27. *The absorbent mind*, p. 85.
28. *Ibid.*, p. 217.
29. *Ibid.*, p. 206.
30. Montessori, *Education for a new world*, p. 71.
31. *The absorbent mind*, p. 254.
32. *Ibid.*, p. 255.
33. *What you should know about your child*, p. 73.
34. *Ibid.*, p. 84.
35. *The absorbent mind*, p. 257.
36. *Ibid.*, pp. 252-4.
37. *Ibid.*, pp. 256-7.
38. *Ibid.*, p. 257.
39. *Ibid.*
40. *Ibid.*, p. 253.
41. George Dennison, *The lives of children*, pp. 112-3.
42. *Spontaneous activity in education*, p. 195.
43. *Ibid.*, p. 198.
44. *Ibid.*, p. 202.
45. *Ibid.*, p. 212.
46. *Ibid.*, p. 257.
47. *The absorbent mind*, pp. 254-5.
48. Ver o estimulante livro de Arthur Koestler, *The act of creation*, para uma excelente descrição do processo criativo que abrange a própria abordagem de Montessori.
49. *Spontaneous activity in education*, p. 335.
50. *Ibid.*, p. 337.
51. *Ibid.*, p. 340.
52. *Education for a new world*, pp. 2-3.

Capítulo 3

1. *The Montessori method*, p. 105.
2. *Ibid.*
3. *The secret of childhood*, p. 224.
4. *The Montessori method*, p. 28.
5. *Ibid.*, p. 15.
6. *The absorbent mind*, p. 205.
7. *The secret of childhood*, p. 207.
8. *The Montessori method*, pp. 95-8.
9. *Education for a new world*, p. 79.
10. *The Montessori method*, p. 93.
11. *Ibid.*, p. 87.
12. *Ibid.*, p. 93.
13. *Ibid.*, p. 87.
14. *Ibid.*, pp. 80-1.
15. *Ibid.*, p. 88.
16. *Ibid.*
17. *Spontaneous activity in education*, p. 70.
18. *Ibid.*, p. 43.
19. *The Montessori method*, p. 21.
20. *The absorbent mind*, pp. 223-4.
21. *Ibid.*, p. 224.
22. *The absorbent mind*, p. 223.
23. *The Montessori method*, p. 153.
24. *Ibid.*, p. 155.
25. *What you should know about your child*, p. 105.
26. *The Montessori method*, p. 171.
27. *The absorbent mind*, p. 221.
28. *Spontaneous activity in education*, p. 81.
29. *Ibid.*, pp. 73-4.
30. *Ibid.*, pp. 77-9.
31. *Ibid.*, pp. 73-4.
32. *Ibid.*, p. 81.
33. *Ibid.*, p. 77.
34. *Ibid.*
35. *The absorbent mind*, p. 248.
36. *Spontaneous activity in education*, p. 75.
37. *Ibid.*, p. 76.
38. *The Montessori method*, p. 107.
39. *Ibid.*, p. 115.
40. *Ibid.*, pp. 107-8.
41. *Spontaneous activity in education*, p. 43.
42. *The absorbent mind*, p. 179.
43. *Ibid.*, p. 108.
44. *Ibid.*

45. *Ibid.*, pp. 108-9.
46. *Ibid.*, pp. 357-8.
47. John e Evelyn Dewey, *Schools of tomorrow*, pp. 157-8.
48. *The Montessori method*, p. 225.
49. *Ibid.*, p. 226.
50. *Ibid.*, p. 227.
51. *What you should know about your child*, p. 114.
52. *The Montessori method*, p. 360.
53. *The discovery of the child*, p. 345.
54. *The Montessori method*, pp. 162-6.
55. *Spontaneous activity in education*, p. 311.
56. *Ibid.*
57. *The absorbent mind*, p. 229.
58. *Ibid.*, pp. 225-6.
59. *Ibid.*, p. 228.
60. *Ibid.*, p. 226.
61. *Ibid.*, p. 227.
62. *The Montessori method*, p. 93.
63. *Ibid.*, p. 94.
64. *Ibid.*, p. 210.
65. *Ibid.*, p. 211.
66. *The absorbent mind*, p. 132.
67. *The secret of childhood*, p. 115.
68. *Ibid.*, p. 11.
69. *Ibid.*, p. 12.
70. *Ibid.*, pp. 79-80.
71. *Spontaneous activity in education*, p. 130.
72. *The Montessori method*, p. 87.
73. *Ibid.*, p. 88.
74. *Spontaneous activity in education*, pp. 130-1.
75. *The Montessori method*, p. 9.
76. *Ibid.*, p. 12.
77. *Ibid.*, p. 104.
78. *Ibid.*, p. 13.
79. *Spontaneous activity in education*, p. 122.
80. *Ibid.*, pp. 122-4.
81. *The absorbent mind*, p. 278.
82. *Ibid.*
83. *Ibid.*
84. *Ibid.*, p. 246.
85. *Ibid.*, pp. 248-9.
86. *Ibid.*, p. 134.
87. *The Montessori method*, pp. 37-8.
88. *The secret of childhood*, pp. 96-7.
89. *The Montessori method*, p. 61.
90. *Ibid.*

91. *Ibid.*, pp. 61-2.
92. *Ibid.*, pp. 63-4.
93. *Ibid.*, p. 64.
94. *The absorbent mind*, p. 263.
95. *Ibid.*, p. 264.
96. *Ibid.*, pp. 268-9.
97. *Ibid.*, p. 279.
98. *Ibid.*, pp. 279-80.
99. *Ibid.*, p. 270.
100. *Ibid.*, p. 274.
101. *Ibid.*, p. 275.
102. *Ibid.*
103. *Ibid.*, p. 281.
104. *Ibid.*

Capítulo 4

1. *The secret of childhood*, pp. 248-9.
2. *Ibid.*, p. 249.
3. *Ibid.*, pp. 233-4.
4. *Ibid.*, p. 234.
5. *What you should know about your child*, pp. 26-7.
6. *The absorbent mind*, p. 99.
7. *The secret of childhood*, p. 18.
8. *The absorbent mind*, pp. 100-1.
9. *The secret of childhood*, p. 179.
10. *The Montessori method*, p. 69.
11. *The secret of childhood*, p. 263.
12. *The absorbent mind*, pp. 14-5.
13. *Ibid.*, p. 103.
14. Montessori, *Reconstruction in education*, pp. 4-5.
15. Erik Erikson, *Childhood and society*, p. 69.
16. *The secret of childhood*, pp. 93-4.
17. Fisher, *The Montessori mother*, p. 24.
18. *The secret of childhood*, p. 99.
19. *Ibid.*, pp. 235-6.
20. *The absorbent mind*, pp. 103-4.
21. *Ibid.*, p. 100.
22. *The absorbent mind*, pp. 104-5.
23. *Ibid.*, p. 106.
24. *Ibid.*, p. 109.
25. *The secret of childhood*, p. 74.
26. *Spontaneous activity in education*, p. 297.
27. *The secret of childhood*, pp. 81-2.
28. *Ibid.*, p. 86.
29. *Ibid.*, p. 87-8.

30. *Ibid.*, p. 90.
31. *Ibid.*
32. *What you should know about your child*, p. 12.
33. *The Montessori method*, pp. 96-9.
34. *Ibid.*, p. 100.
35. *The absorbent mind*, p. 93.
36. *What you should know about your child*, p. 131.
37. Erikson, *op. cit.*, pp. 235-6.
38. *Education for a new world*, p. 64.
39. *The secret of childhood*, p. 173.
40. *Ibid.*, pp. 91-2.
41. *Ibid.*, p. 92.
42. *Education for a new world*, p. 64.
43. *Ibid.*, p. 65.
44. *What you should know about your child*, p. 73.
45. *Reconstruction in education*, p. 10.
46. *Ver* Virginia M. Axline, *Dibs in search of self* (Nova York: Ballantine Books, 1969; publicado em português com o título *Dibs – Em busca de si mesmo*, Editora Agir, 1980), um excelente livro para todos os adultos que trabalham com crianças.
47. *What you should know about your child*, p. 131.

Capítulo 5

1. *Dr. Montessori's own handbook*, p. 134.

Capítulo 6

1. *What you should know about your child*, p. 132.
2. *The Montessori method*, p. 155.
3. *The discovery of the child*, p. 99.
4. *Ibid.*, p. 98.
5. Para mais informações, escreva para Minnesota Outward Bound School, 330 Walker Avenue, Wayzata, Minnesota 55391.

Bibliografia

Arnheim, Rudolf. *Arte e percepção visual*. São Paulo: Cengage, 2016.

Association Montessori Internationale. *Maria Montessori, a centenary anthology*. Amsterdã, 1970.

Bruner, Jerome S., et al. *Studies in cognitive growth*. Nova York: John Wiley & Sons, 1966.

Dennison, George. *The lives of children*. Nova York: Random House, 1969.

Dewey, John e Evelyn. *Schools of tomorrow*. Nova York: E. P. Dutton, 1915.

Elkins, David. "Piaget and Montessori", *Harvard Educational Review*, XXXVII (1967), 535-546.

Erikson, Erik H. *Childhood and society*. Nova York: W. W. Norton, 1940.

Fisher, Dorothy Canfield. *Montessori for parents*. Cambridge, Massachusetts: Robert Bentley, Inc., 1965.

_____. *The Montessori mother*. Londres: Constable, 1913.

Fiske, Donald W. e Maddi, Salvatore R. *Functions of varied experience*. Homewood, Illinois.: Dorsey Press, 1961.

Harlow, H. F. "Mice, monkeys, men and motives", *Psychology Review*, LX (1953), 23-32.

Hebb, Donald O. "Drives and the C.N.S.", In: _____. *Current research in motivation*, ed. Ralph Norman Haber, pp. 267-278. Nova York: Holt, Rinehart & Winston, 1966.

_____. *Organization of behavior*. Nova York: John Wiley & Sons, 1949.

Bibliografia

Hess, Eckhard. "Ethology and developmental psychology". In: _____. *Carmichael's manual of child psychology,* ed. Paul Mussen, pp. 1-33. Nova York: John Wiley & Sons, 1970.

Holt, John. *How children fail.* Nova York: Pitman, 1964.

Hunt, J. McV. "The epigenesis of motivation and early cognitive learning". In: _____. *Current research in motivation,* ed. Ralph Norman Haber, pp. 355-70. Nova York: Holt, Rinehart & Winston, 1966.

_____. *Intelligence and experience.* Nova York: Ronald Press, 1961.

Itard, Jean. *Wild boy of Aveyron.* Nova York: Appleton-Century-Crofts, 1962.

Kagan, Jerome e Kogan, Nathan. "Individuality and cognitive performance". In: *Carmichael's manual of child psychology,* ed. Paul Mussen, pp. 1273-1353. Nova York: John Wiley & Sons, 1970.

Kilpatrick, William. *The Montessori system examined.* Boston: Houghton Mifflin, 1914.

Koestler, Arthur. *The act of creation.* Nova York: Macmillan, 1964.

Lillard, Paula P. *A Montessori study guide.* Nova York: American Montessori Society, 1970.

Montessori, Maria. *Mente absorvente.* Rio de Janeiro: Nórdica, 1987.

_____. *The child in the church,* ed. E. M. Standing. St. Paul, Minnesota: Catechetical Guild, 1965.

_____. *The discovery of the child.* Wheaton, Illinois.: Theosophical Press, 1962.

_____. *Dr. Montessori's own handbook.* Nova York: Schocken Books, 1965.

_____. *Education for a new world.* Wheaton, Illinois.: Theosophical Press, 1963.

_____. *The formation of man.* Wheaton, Illinois.: Theosophical Press, 1969.

_____. *The Montessori method.* Nova York: Schocken Books, 1964.

_____. *Reconstruction in education.* Wheaton, Illinois.: Theosophical Press, 1964.

_____. *The secret of childhood.* Calcutá: Orient Longmans, Ltd., 1963.

_____. *Spontaneous activity in education.* Nova York: Schocken Books, 1965.

_____. *Para educar o potencial humano.* São Paulo: Papirus, 2015.

_____. *What you should know about your child.* Wheaton, Ill.: Theosophical Press, 1963.

Piaget, Jean. *A psicologia da inteligência.* Petrópolis: Vozes, 2013.

_____ e Inhelder, Barbel. *A psicologia da criança.* Rio de Janeiro: Difel, 2003.

Rambusch, Nancy McCormick. *Learning how to learn*. Baltimore: Helicon Press, 1962.

Séguin, Edouard. *Idiocy and its treatment*. Albany, N.Y.: Press of Brandow Printing Co., 1907.

Spitz, R. A. "Hospitalism: an inquiry into the genesis of psychiatric conditions in early childhood" In: _____. *The psychoanalytic study of the child,* I, pp. 53-74. Nova York: International Universities Press, 1945.

Standing, E. M. *Maria Montessori: her life and work*. Fresno, Califórnia: Academy Guild Press, 1959.

_____. *The Montessori revolution in education*. Nova York: Schocken Books, 1966.

White, Jessie. *Montessori schools*. Londres: Oxford University Press, 1914.

Sugestões de leitura

Axline, Virginia M. *Dibs in search of self*. Nova York: Ballantine Books, 1969. [publicado no Brasil com o título "Dibs, em busca de si mesmo" pela Editora Agir.]

Dennison, George. *Entre pais e filhos*. São Paulo: Allegro BB, 2004.

Ginott, Haim. *Between parent and child*. Nova York: Macmillan, 1967.

Holt, John. *How children fail*. Nova York: Pitman, 1964.

_____. *How children learn*. Nova York: Pitman, 1967.

_____. *The underachieving school*. Nova York: Pitman, 1969.

_____. *What do I do monday?* Nova York: E. P. Dutton, 1970.

Kohl, Herbert. *The open classroom*. Nova York Review Press, 1969.

Leonard, George. *Educação e êxtase: recuperando o prazer de ensinar e aprender*. São Paulo: Summus, 1998.

Silberman, Charles. *Crisis in the classroom*. Nova York: Random House, 1970.

Índice remissivo

A

Alfabeto móvel 111, 118
   transição para a escrita 120
Ambiente 30, 34, 40-41, 46
   amor pelo 29
   da escola tradicional 41, 67
   doméstico 64, 77, 96, 100, 131
   Montessori 46, 51, 78
   natural 3
   planejamento do 74
Análise de sentenças 124
Arte e desenho 66
Association Montessori Internationale 14
Atenção 36, 40
Atividade de "andar na linha" 65
Atmosfera 46
Autoconfiança 7, 56, 125
Autoconstrução 26, 45, 54, 124
   infantil 27
Autodisciplina 36-37, 52, 73, 80
Autoeducação 10, 49, 57
Autoestima 64
Autoridade 39, 41, 47

B

Beleza 41, 46, 53
Brinquedos 5, 7, 107
   educativos 106
Bruner, Jerome 127

C

Caixas de comando 123
Caminhada 31, 102, 109, 126
   intelectual 69
Cartões
   de definição 122
   de imagens 119
Casa dei Bambini 33, 77, 130, 138
Ciclo de atividade 36, 64, 80
Concentração 4, 7, 34, 36, 40, 54, 64, 85, 112
Controle do erro 57-58
Crescimento infantil 16, 18, 47
Criatividade 23-25, 40-42, 62, 66, 94, 125
Críticas ao método Montessori 8

D

Darwin, Charles 17
Dennison, George 39
Descartes, René 27
Desenvolvimento
   cognitivo 16, 17, 18
   da imaginação 40
   da linguagem 114, 116

da vontade 36
emocional 18
intelectual 43
motor 116
predeterminado 17
sexual 16
Dewey, John 8, 13, 62
Disciplina 47, 64, 125

E

Educação
  base da 106
  coletiva 69
  Montessori 110-111, 117, 123, 127, 132-134, 137, 139
  no conceito de Montessori 110
  tradicional 125
Embrião espiritual 27
Encaixes de metal 56, 90-91
Ensino
  em equipe, abordagem de 70
  tradicional 36
Entidade psíquica inata da criança 27
Erikson, Erik 99, 106
Erros 57, 75
Escola tradicional 37
Escrita 112
  e leitura 6
Estrutura 46
  e ordem 51
Exercícios de vida prática 13, 63, 64, 80, 113-116

F

Fantasia 10, 52, 114
Fisher, Dorothy Canfield 100
Fonogramas 113, 121
Freud, Sigmund 16, 17, 18, 22
Froebel, Friedrich 26
Função das palavras 122, 123

G

Gesell, Arnold 17

H

Harlow, H. F. 19
Hebb, Donald 18
Holt, John 41
Hunt, J. McVicker 20

I

Imaginação 10
  desenvolvimento da 40
  infantil 10
Imprinting 22-23
Independência 47, 64, 101, 125
Infância 18, 26, 106, 129
Iniciativa 56
Inteligência 17, 18, 40
Interrupção 36, 80
Isolamento das dificuldades 64, 123
Itard, Jean 1-2, 55

J

Jogo
  caixa com objetos fonéticos 121
  de detetive 123
  do silêncio 69, 116

K

Kilpatrick, William 8, 19, 21

L

Lei(s)
  da independência 35
  da natureza 128
  do máximo esforço 34
  naturais, que governam o crescimento 33
Leitura 112
  introducão à 122
  total 123
Letras de lixa 56, 111, 116, 118
Liberdade 9, 17, 27, 41, 46, 47, 50, 51
  de escolha 21
Lição(ões)
  coletivas 59

de três tempos 63
Fundamental 59
Limites, estabelecimento de 17
Linguagem 30, 111
desenvolvimento da 114, 116
Lorenz, Konrad 22

M

Mãe, relação única com a criança 129
Manual de Montessori 110
Materiais 64
acadêmicos 64-65
apresentação 49, 54-55
artísticos 64
culturais 65
disposição 5
escolha 51
planejamento e progresso 56
princípios 64
seleção 21
sensoriais 64
Materiais Montessori 46, 54, 58, 62
regras básicas no uso dos 58
Maturação 16, 37
Mente absorvente 29, 32-33, 43, 111
Modelo interno da realidade 43
Montessori, Maria 1
Motivação 28, 109
interna 20
intrínseca da criança 25
Movimento 28, 49
Mulher, liberação feminina 98

N

Nascimento 97
Natureza 46
importância do contato com a 53
Normalização 34

O

Obediência 37
Observação 11, 32, 44, 78
Ordem 30, 41, 46

Organização 64
Outward Bound 129

P

Pais
conflitos 101
papel dos 99
Palavras
função das 122, 123
quebra-cabeças 121
Percepção 25
natural 112
sensorial 21, 25
Período sensível 29-32, 114-115, 118, 121, 123
Permissividade 17
Pestalozzi, Johann Heinrich 26
Piaget, Jean 21-23, 127
Preparação indireta 56, 64, 124,
Privação sensorial 18
Professor(a)
papel 70, 73, 78
qualidades 46, 75
relações públicas 78
treinamento 70
Punição 5, 50, 132

Q

Quebra-cabeças de palavras 113

R

Rambusch, Nancy 14
Realidade 41, 46
e natureza 52
Recompensas 5, 20
Repetição 7, 22, 36, 54, 61
Rousseau, Jean Jacques 26

S

Sala de aula montessoriana 41, 50-52, 68, 79, 108, 124, 128-129, 133, 137, 139
Séguin, Edouard 1-2, 55, 63, 118

Serviço à sociedade 109
Sputnik 15

T

Transição do alfabeto móvel à escrita 120
Treinamento sensorial 16

V

Vida
  em comunidade 46

familiar 129
prática, exercícios de 13, 63, 64, 80, 113-116
social 38, 50-51, 101, 111
social, da sala de aula 9
Visão moral 36
Vocabulário 63, 113, 115, 119
Vontade 35-36, 47
  desenvolvimento da 36